"十四五"国家重点出版物出版规划项目

"双碳"目标下清洁能源气象服务丛书

丛书主编：丁一汇　丛书副主编：朱 蓉　申彦波

国家出版基金项目
NATIONAL PUBLICATION FOUNDATION

江西风能资源及开发利用

聂秋生　吴 琼　贺志明　徐卫民　编著

气象出版社
China Meteorological Press

内 容 简 介

本书是江西省气象科技工作者对江西风能资源评估研究和应用服务工作的总结,汇集了江西省风能资源普查详查以及风能相关研究课题成果,较为全面地介绍了江西风能资源观测、评估及高分辨率风能资源的数值模拟分析技术,展示了江西省风能资源时空分布特征及资源特性,并从风电开发角度,介绍了全省风能资源的技术可开发量、潜在风电场分布、风电开发气象风险、风电开发政策及风电开发现状与趋势等。本书不仅对江西省的风能资源开发利用、风电场的建设和风电并网运行管理等具有实用价值,还可为政府决策部门、风电资源管理、规划部门,以及风电企业相关科研技术人员和广大读者提供参考。

图书在版编目(CIP)数据

江西风能资源及开发利用 / 聂秋生等编著. -- 北京:气象出版社,2024. 6. --("双碳"目标下清洁能源气象服务丛书 / 丁一汇主编). -- ISBN 978-7-5029-8215-7

Ⅰ. TK81

中国国家版本馆 CIP 数据核字第 20249SE770 号

江西风能资源及开发利用
Jiangxi Fengneng Ziyuan Ji Kaifa Liyong

出版发行:气象出版社

地　　址:北京市海淀区中关村南大街 46 号	邮政编码:100081
电　　话:010-68407112(总编室)	010-68408042(发行部)
网　　址:http://www.qxcbs.com	E - m a i l:qxcbs@cma.gov.cn
丛书策划:王萃萃	终　审:张　斌
责任编辑:郑乐乡	责任技编:赵相宁
封面设计:艺点设计	责任校对:张硕杰
印　　刷:北京地大彩印有限公司	
开　　本:787 mm×1092 mm　1/16	印　张:10.75
字　　数:245 千字	
版　　次:2024 年 6 月第 1 版	印　次:2024 年 6 月第 1 次印刷
定　　价:110.00 元	

丛书前言

2020 年 9 月 22 日，在第七十五届联合国大会一般性辩论上，国家主席习近平向全世界郑重宣布——中国"二氧化碳排放力争于 2030 年前达到峰值，努力争取 2060 年前实现碳中和"。这是中国应对气候变化迈出的重要一步，必将对全球气候治理产生变革性影响。加快构建清洁低碳、安全高效能源体系是实现碳达峰、碳中和目标的重要部分，近年来，我国清洁能源发展规模持续扩大，为缓解能源资源约束和生态环境压力做出了突出贡献。但同时，清洁能源发展不平衡不充分的矛盾也日益凸显，不能满足当前清洁能源国家统筹、省负总责，建立国家和省两级协调，以省为主体统筹开展基地开发建设的发展需求，高质量跃升发展任重道远；各地区资源分布不均衡，需要因地制宜、分类施策，准确识别各区域具备开发利用条件的资源潜力至关重要。因此，迫切需要提高清洁能源气象服务保障能力。

风、光等作为气候资源，必然受到气象条件的影响，气象影响贯穿电场建设运行的始终，气象服务保障、气候评估等工作至关重要。气象部门以服务需求为引领，积累了基础风能太阳能资源观测资料，开展了资源评估，形成了风能太阳能资源监测和预报能力。面对目前的挑战和需求，气象出版社组织策划了"'双碳'目标下清洁能源气象服务丛书"（以下简称"丛书"），丛书系统全面介绍了包含陆上风能、海上风能、太阳能、水能、生物质能、核能等清洁能源特征，及其观测、预报预测、资源评估和开发潜力分析，相关气象灾害及其评估、预测与预警，各区域清洁能源发展规划、对策等新成果，介绍了各区域清洁能源开发利用气象保障服务体系框架、典型案例、应用示范以及煤炭清洁高效开发利用等方面的代表性成果，为助力能源绿色低碳转型，保障能源安全，实现碳达峰、碳中和目标，应对气候变化，促进我国经济社会高质量可持续发展提供科技支撑与服务。

丛书涵盖华北、东北、西北、华中、东南沿海、西南、新疆等区域中风能、太阳能等资源丰富和有代表性的地区，并覆盖水资源丰富的长江、黄河、金沙江、西江流域等，覆盖面广，内容全面，兼顾了科学性和实用性，既可为气象、能源、电力等相关领域的科研、业务人员提供参考，也可为政府部门统筹规划、精准施策提供科学依据。中国气象局首席气象专家朱蓉研究员和申彦波研究员作为丛书副主编，为保障丛书的顺利编写和出版做出了重要贡献；丛书编写团队集合了清洁能源气象观测、预报、科研、业务一线专家，涵盖了全国各区域的清洁能源科技创新团队带头人、首席专家和技术骨干，保证了丛书的科学性、权威性、创新性。

丛书得到中国工程院院士李泽椿和徐祥德的支持与推荐，列入了"十四五"国家重点出版物出版规划项目，并得到国家出版基金资助。丛书的组织和实施得到中国气象局、相关省（自治区、直辖市）气象局及电力、水利相关部门领导和专家的全力支持。在此，一并表示衷心感谢！

丛书编写出版所用的基础资料数据时间序列长、使用要素较多，涉及专业面广，参与编写人员众多，组织协调工作有一定难度，书中难免出现错漏之处，敬请广大读者批评指正。

丛书主编：丁一汇

2024 年 5 月

本书序言

　　全球气候变化是人类生存和发展的最大危机之一，应对气候变化已成为国际社会的政治共识和重大行动。 选择低碳、绿色的可持续发展模式已成为全球各国的发展共识，各国相继提出碳中和、净零排放等去碳化政策及目标。 2020 年习近平总书记向世界郑重宣示了 2030 年前实现碳达峰、2060 年前力争实现碳中和的国家目标(简称"双碳"目标)。"双碳"目标加速了能源的变革，

　　发展可再生能源成为国家的重大战略。 风能资源是重要的可再生清洁能源，风力发电是新能源领域中技术最成熟、最具规模开发条件和商业化发展前景的发电方式之一，发展风电对保护生态环境、保障能源安全，实现经济社会的可持续发展有重要的作用。 我国政府对发展风电高度重视，截至 2022 年底，我国风电并网装机容量达到 3.65 亿 kW。国务院印发的《2030 年前碳达峰行动方案》中明确 2030 年风电、太阳能发电总装机容量达到 12 亿 kW 以上。

　　江西省位于中国的东南部，多年来始终被认为是我国风资源贫乏省份之一，但在江西省气象局党组的高度重视下，通过江西省气象部门几代风能资源科技工作者的辛勤努力，推动了江西省风能资源从无到有、从少到多、从理论到实践的重大跨越。 20 世纪 80 年代，以肖佐中、刘福基为主要骨干的第一批风能资源科技工作者，对全省风能资源进行了初步的调查与研究，尤其在研究老爷庙水域船损灾害成因时发现，该区域年平均风速可达内陆罕见的 7 m/s，风能资源丰富，鄱阳湖特殊的地形对风场有着非常明显的影响，这颠覆了江西省为风能资源匮乏区的传统观，并由此拉开了江西省风能资源评价工作的序幕。 21 世纪初，以吴万友、刘晓燕为主要骨干的第二批风能资源科技工作者，以现有气象台站资料和测风资料为基础，利用气候统计方法，估算江西省风能资源

储量约 125 万 kW。 2003 年，江西省成立了由省发展和改革委员会、省气象局、省电力公司三家组成的省风电前期工作领导小组，全面开展江西省风资源普查和评价工作。 2003 年以来，以聂秋生、贺志明、徐卫民、曾辉、吴琼为主要骨干的第三代风能资源科技工作者，在江西省发展和改革委员会、省科技厅、中国气象局以及江西省相关电力企业的大力支持下，围绕风能资源评估和服务工作开展两次大规模的普查详查及针对性的分析研究。 他们利用气象站点、实地考察及拟选风电场观测资料，采用常规方法与数值模拟、GIS（地理信息系统）空间分析等新技术相结合，对江西风资源情况进行了全面深入的评估分析，进一步摸清了江西省风能资源的储量、分布特征和变化规律，估算全省风能资源技术可开发量为 230 万 kW，其中鄱阳湖区风能资源丰富、集中，技术开发量达到 210 万 kW。 这一成果引起了社会各界的高度关注，推动了江西省 《"十一五"新能源发展规划 （风电篇）》的出台。 2008 年 12 月，江西省首个风电项目——矶山湖风电场正式投入运行。 同时，在对区域内风能资源进行深入分析评估的基础上，针对风电场建设规划、风电场选址、风电机组的微观选址等需求开展了有针对性的技术研究与服务，特别是在分散式风电场的风资源评估工作中，在技术方法上有创新突破。 评估发现，除鄱阳湖区外，山地风能资源也十分丰富，70 m 高度风功率大于或等于 300 W/m^2 的风能资源技术开发量约 110 万 kW，具备较大开发潜力，为江西风电项目开发建设提供了指南。"十二五"期间，江西风力发电规划从湖畔走向高山，多个高山风电场启动建设，国家能源局公布的"十二五"第五批风电项目核准计划中的江西省 21 个项目，大部分为高山风电场。 随着低风速风机技术的发展，2020 年，风能资源科技工作者再次估算江西省 80 m 高度的风能资源技术开发总量达到 1423 万 kW。 截至 2022 年末，江西省风电项目共计 84 个、装机容量达到 555.49 万 kW，年累计发电量为 127.71 亿 kW·h。

《江西风能资源及开发利用》一书是江西省气象科技工作者对江西风能资源评估研究和应用服务工作的总结，详细阐述了江西风能资源风能资源评估及宏观选址技术，展示了江西省风能资源状况和特性，简述了风电开发政策、风电开发现状与趋势等。 该书不仅对江西省的风能资源开发利用、风电场的建设和风电并网运行管理等具有实用价值，还可为政府决策部门，风电资源管理、规划部门以及风电企业相关科研技术人员和广大读者提供参考。

借此机会，我谨向江西省发展和改革委员会、省能源局、省科技厅、中国气象局风能太阳能资源中心、国家气候中心及江西省电力公司、江西中电投新能源发电有限公司、江西大唐国际新能源有限公司、华能江西分公司等江西相关电力企业的大力支持表示感谢，也向参与研究工作和此书编写的同志取得的成果表示祝贺！希望江西省气象工作者继续深入研究，进一步探索合理开发和科学利用风能等气候资源的有效途径，不断提高气象服务的能力和水平，为推动全省经济社会高质量发展、绿色发展、低碳发展做出更大贡献。

江西省气象局局长

2023 年 10 月

本书前言

  风能是可以永续利用，取之不尽、用之不竭的清洁资源，是气候资源的重要组成部分。随着人类对环境保护及可持续发展的关注，风力发电作为具有可再生、占地少、建设周期短、与环境和谐一致的清洁发电方式，受到世界各国的广泛关注。江西省能源结构性矛盾突出，一次能源只有煤炭和水电且较为缺乏，煤炭大部分需要从省外运入，水电开发程度又较低。根据《江西省电力中长期发展规划》，江西电力缺口形势严峻，2030 年缺口将达到 3400 万 kW。风电的建设有利于缓解江西省缺电的局面，满足日益增长的电力需求。此外，我国提出，到2030 年,非化石能源消费比重达到 25% 左右,单位国内生产总值二氧化碳排放比 2005 年下降 65% 以上的目标。因此，大规模开发利用风电也是我省响应国家能源结构调整，大力发展低碳经济的一项战略任务。

  为了充分挖掘江西风能资源，江西省气象科学研究所的技术人员对江西省风能资源开始了探索，不仅全程参与了江西风能资源开发利用前期工程的技术评估工作，还对本省风能资源开展了两次大规模的普查详查及大量科学研究，揭示了江西风能资源储量，总结出了江西风能资源的分布规律和变化特征，研究得到了适合江西风电场风能资源评价、选址的技术方法，取得了许多有价值的成果，推动了江西风电发展。

  本书汇集了江西省风能资源普查详查以及风能相关研究课题成果，较为全面地介绍了江西风能资源观测、评估及高分辨率风能资源数值模拟分析技术，展示了江西省风能资源时空分布特征及资源特性，并从风电开发角度，介绍了全省风能资源的技术可开发量、潜在风电场分布、风电开发气象风险、风电开发政策及风电开发现状与趋势等。全书共分为 7 章。第 1 章简述了风能基础知识、中国及世界风电产业发展历史与现状以及江西省风能资源评价工作发展历程及风电开发历史；第 2

章从测风塔设置、测风仪器及性能、测风数据的采集及处理等方面详尽地介绍了风能资源观测与调查方法；第 3 章详细阐述了江西省风能资源特征，包括风能参数时空分布和变化特征、鄱阳湖区和山地各主要风场风能资源状况、风能资源储量，并结合地形地貌及气候特征揭示了江西省风能资源的形成原因；第 4 章介绍了风能资源评估技术，对评估前的观测点设置、评估技术指标的计算以及如何进行风场开发价值评估进行了阐述；第 5 章介绍了江西省风能资源数值模拟方法、风能资源技术开发量评估方法及数值模拟成果；第 6 章从积冰、雷暴、热带气旋、沙尘等方面评估了江西风能资源开发的气象灾害风险；第 7 章简述了风能资源开发利用相关政策、江西风能资源开发利用现状、面临的形势及未来展望。

在本书编写过程中，得到了江西省气象局傅敏宁局长的关心、支持，并为本书作序；得到了江西省能源局王峰副局长等领导和相关专家的指导，并在风电开发政策及风电开发现状与趋势等方面提供了大量资料；得到了国家气候中心首席专家朱蓉的技术支持；得到了江西省气象科学研究所章毅之所长的大力支持。 在此，一并致谢！

本书内容涉及多个学科领域和大量基础资料，由于编者水平所限，错误和不足之处在所难免，恳请广大读者批评指正。

编著者

2023 年 10 月

目 录

第 1 章
绪论

1.1 风能基础知识

1.1.1 什么是风

风是一种最常见的自然现象,它时而怒吼于旷野之中,时而咆哮于江河湖海之上,有时也轻轻地吹拂着田野,让旌旗猎猎飘扬。江河里的木船拉起风帆乘风而去,飘在空中的风筝乘风而起。

之所以会形成风,是由于地球表面接收太阳能辐射不均匀引起气压在水平方向分布不均匀,造成了水平气压梯度力。在这种力的作用下,空气由高气压区向低气压区流动,即形成风。

风在自然环境的形成中有着重要的作用。其可以传递热量,输送水汽,营造地貌景观,影响动植物群落和人类生活。风是资源,可以形成一道道风景;但也可能是灾害:8级以上的大风会带来很多灾害和破坏。我们在电视、报纸等新闻报道中,经常可以看到台风、龙卷对生命财产造成极大的损害。在北方部分地区,大风还会引发沙尘暴,从而引起生态环境恶化、影响交通安全、危害人体健康。

1.1.2 什么是风能

地球表面空气流动所产生的动能就称之为风能。风能大小,通常用风能密度(W/m^2)来表示。

1.1.3 什么是风能资源

风能资源是可利用的风的能量。风能密度和风能年累积可利用小时数是衡量一个地区风能资源大小的重要指标。

风能密度是单位迎风面积可获得的风的功率,与风速的三次方和空气密度成正比关系。

风能年累积可利用小时数是指年测风序列中风速在 $3\sim25$ m/s 的累计小时数。

以风速和风能密度为标准,风能资源划分为 7 个等级,目前在一般的风能资源商业开发中,风能密度达到 2 级以上,10 m 高度平均风速大于 5.1 m/s,风能密度 >100 W/m^2 就能够满足并网发电的要求;当 10 m 高度平均风速大于 6.0 m/s,风能密度 >200 W/m^2,该地风能资源比较丰富;当 10 m 高度平均风速大于 6.4 m/s,风能密度 >250 W/m^2,则该地风能资源十分丰富。

1.1.4 风能资源是如何观测的

对某一重点风能资源进行评估之前应在该地竖立风能资源观测塔,并安装风能资源观测设备(图 1.1),对该地风能资源状况进行观测。

风能资源观测塔一般为 50 m、70 m、100 m。就 100 m 塔而言,风速传感器一般安装在 10 m、30 m、50 m、70 m、100 m 高度;风向传感器安装在 10 m、50 m、70 m、100 m 高度;温、压、湿传感器一般装置低层平台上,高度多在 8.5 m 附近,少量测风塔会在其他高度增加温湿传感器。

观测要素包括:风向、风速、温度、气压、湿度等,其中风速记录包括 10 min 平均风速、最大风速与极大风速。

观测设备型号主要有:NRG 测风系统、CAWS800 测风系统、NOMAD 测风仪、ZFJ-Ⅱ 测风系统、无锡测风系统等。

观测数据通过远程自动传输或现场观测数据读取方式获得。

图 1.1　风能资源观测设备

1.1.5　什么是风能资源理论储量

通常,将某一区域范围内,某高度上的风能资源的总量称为该地的风能资源理论储量。

1.1.6　什么是风能资源技术开发量

不是所有的风能资源都可以开发的,目前在江西有许多区域的风能资源没有开发的潜力或者不适宜开发,这些区域包括:(1)年平均风速小于一定等级的区域;(2)海拔高于 3500 m 的区域;(3)地形坡度大于 30% 的区域;(4)水体;(5)湿地;(6)沼泽地;(7)沙漠;(8)自然保护区;(9)历史遗迹;(10)国家公园;(11)矿产覆盖区;(12)城市及居民区;(13)城市周围 3 km 的缓冲区;(14)基本农田。

在理论储量基础上,考虑了限制风能资源开发的地形坡度、水体、生态自然保护区、历史遗迹等相对稳定的自然地理和政策等因素影响后的风能资源储量称为风能资源潜在技术开发量。

1.1.7　什么是风力机

将风能转换为其他的能量形式,一般采用风力机。风力机的主要部件包括:风轮、齿轮箱、发电机等(图1.2)。

1.1.8　风如何转换成电

风力发电的原理非常简单,通俗来说,就是利用风带动风力机叶片旋转,再通过增速器将旋转的速度提高来促使发电机发电的(图1.3)。

单机容量为1.5 MW的风机。理论上,满负荷运转的一个风机一小时能发1500多度电,一天能发电3.6万余度。

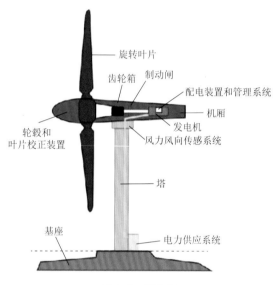

旋转叶片
齿轮箱　制动闸
配电装置和管理系统
机厢
发电机
风力风向传感系统
轮毂和
叶片校正装置
塔
基座
电力供应系统

图1.2　风力机

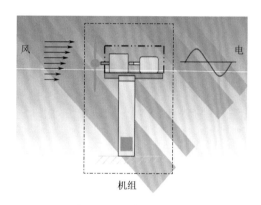

风　　　电
机组

图1.3　风力发电原理

1.1.9　什么是装机容量

电力系统的总装机容量是指该系统实际安装的发电机组额定有功功率的总和,以千瓦(kW)、兆瓦(MW)、吉瓦(GW)计。

1.2　人类风能利用史

风作为传递能量的气流,在运动中给人类提供了利用的可能性。

人类利用风能的历史可以追溯到公元前。我国是世界上最早利用风能的国家之一。公元前数世纪我国人民就利用风力提水、灌溉、磨面、舂米,用风帆推动船舶前进。埃及尼罗河上的风帆船、中国的木帆船,都有两三千年的历史记载。唐代有"乘风破浪会有时,直挂云帆济沧海"诗句,可见那时风帆船已广泛用于江河航运。到了宋代更是我国应用风车的全盛时代,当时流行的垂直轴风车,一直沿用至今。

在国外,公元前 2 世纪,古波斯人就利用垂直轴风车碾米。10 世纪伊斯兰人用风车提水,11 世纪风车在中东已获得广泛的应用。13 世纪风车传至欧洲,14 世纪已成为欧洲不可缺少的原动机。在荷兰,风车先用于莱茵河三角洲湖地和低湿地的汲水,其风车的功率可达50 马力①,以后又用于榨油和锯木。到了 18 世纪 20 年代,在北美洲风力机被用来灌溉田地和驱动发电机发电。从 1920 年起,人们开始研究利用风力机作大规模发电。1931 年,在苏联的 Crimean Balaclava 建造了一座 100 kW 容量的风力发电机,这是最早商业化的风力发电机。

1.2.1 世界风电产业发展历史与现状

(1)风电装机发展

风能的真正开发利用始于 20 世纪 70 年代,石油危机迫使美国、西欧等发达国家不得不寻找新能源以替代化石能源,投入大量的人力物力,用于研发风力发电机组及相关技术,80年代开始建立示范风电场、并网发电,成为电网新电源。

风电装机容量是风电产业发展的一个重要指标。从 20 世纪 80 年代中期开始,世界风力发电技术取得了快速发展,风机设计和制造趋向成熟,产品进入商业化阶段,机组容量不断增大。

根据历年 GWEC 统计数据,20 世纪 90 年代,世界各国为了应对能源危机和温室效应,风电得到了快速发展,装机规模每年都有大幅增长,由 1990 年的 200 万 kW 增加到 2003 年的 4016 万 kW,年平均增长 300 万 kW。

进入 21 世纪后,全球风电新增装机容量增幅开始迅速加大,2001—2020 年间,全球风电累计装机容量从 24 GW 增至 743 GW,年复合增长率超过 20%。2009—2011 全球新增装机容量基本持续在 39 GW 左右,至 2011 年全球累计装机容量达 238 GW,将全球风电装机容量推向一个新的起点,其后世界风电产业一直保持快速、持续增长的势头,2020 年以来,尽管受新冠疫情的影响,全球风电新增装机仍然受中国和美国等大国市场的拉动而创新高。截至 2020 年底,全球累计装机容量 743 GW,同比增长 14.3%。分类型来看,全球陆上风电从 2001 年的 24 GW 增长到 2020 年的 708 GW;海上风电从无到有,2001 年仅为 0.1 GW,2020 年增长到 35 GW。截至 2020 年底,全球陆上风电装容量和海上风电装机容量分别占全球风电累计装机容量的 95% 和 5%。

(2)风电装机分布

20 世纪 80 年代欧美发达国家开始建立示范风电场,进入 90 年代,欧美等发达国家已经逐步建立起了颇具规模的风电市场,同时发展中国家也开始投入风电产业。欧洲由于各国政府重视,激励政策一直延续,欧盟一直是风电发展的主战场,新增装机容量保持持续稳定增长,累计装机容量始终保持全球第一。21 世纪后,虽然欧洲仍是世界风电发展的中心,但

---

① 1 马力=0.735 kW。

其比重开始逐步下降,亚洲风电产业则迅速崛起,近年在全球风电市场新增装机中逐渐占据主导地位,2008—2010年连续3 a增长率超过50%,2009年总装机容量超过北美洲,在各区域中排第二位,2010年总装机容量与北美洲进一步拉大,与欧洲的距离则不断缩小。

根据全球风能协会发布的2011年度全球风电装机数据显示,2011年风电累计装机位于前10名的国家分别为中国、美国、德国、西班牙、印度、法国、意大利、英国、加拿大、葡萄牙;新增装机位于前10名的国家分别为中国、美国、印度、德国、英国、加拿大、西班牙、意大利、法国、瑞典。2010年开始中国累计装机容量超过美国,新增和累计值均位列世界第一。2011年世界新增装机容量,仍然主要集中在欧洲、北美和亚洲。欧洲已逐渐失去了其领先多年的地位。亚洲市场受到发展中国家中国和印度的拉动,2012—2014年风电的发展势头强劲,尤其是中国更引人注目。世界风电产业形成了欧盟、北美和亚洲齐头并进的格局。

2020年,除欧洲、非洲和中东地区以外,全球其他地区的新增风电装机容量都取得了不同程度的增长。其中亚太地区新增风电装机容量56 GW,占同期全球新增装机容量一半以上(60%),再次成为全球风电增长引擎;欧洲和北美洲新增风电装机容量占比分别为16%和18%;拉丁美洲占比5%;非洲和中东占比仅为1%。从全球风电累计装机来看,2020年亚洲以346700 MW的累计装机容量依然排在首位,装机量在全球占比为47%;其次是欧洲,以218912 MW的装机容量紧随其后,占比29%,美洲地区占比23%,排名第三。

1.2.2　中国风电产业发展历史与现状

中国风力发电始于20世纪50年代后期,主要是解决海岛和偏远地区供电难的问题,重点是非并网小型风电机组的建设。70年代末期,中国开始进行并网风电的研究,主要是通过引进国外风机建设示范电场。1981年,中国可再生能源学会风能专业委员会成立。1986年,中国第一座"引进机组,商业示范性"风电场——马兰风力发电场在山东荣成并网发电,标志着中国并网风电产业揭开了大幕,并从此走向发展(中国可再生能源发展战略研究项目组,2008)。

(1)装机容量发展迅猛。

中国2006—2009年累计装机连续4年翻倍增长,2008—2011年新增装机容量各年依次达到6.2 GW、13.8 GW、18.9 GW,2011年累计装机增长率为40%,累计装机容量达到62.7 GW,累计装机增长率较2005—2010年的高速增长明显降低,我国风电开始迈入理性发展的阶段,不过全球累计装机排名由2009年第二位上升到第一位,新增装机继2009年之后继续保持第一位,中国已成为推动全球风电产业发展的"火车头"。

到2020年,中国陆地风电累计装机容量占世界陆地风电累计装机容量的39%,排名第一;海上风电累计装机容量占世界的28%,位列第二。从新增装机容量来看,到2020年,中国陆地风电新增装机容量占世界的56%,排名第一,海上风电中国新增装机容量占世界的50%,仍然排名第一。

(2)中国风电发展特点

内陆风电开发开始加速。随着风电技术的发展,内陆省份的优势在逐渐凸显。虽然内陆地区风资源不如北方丰富,且建设条件复杂,开发成本高,但内陆地区风电场接网条件好,消纳能力强,基本不限电,因此 2011 年以来,内陆地区风电发展迅速。

大型风电建设成果显著。至 2011 年,共有 7 个千万级风电基地已获国家批复开展前期工作或已经核准,另外还有 6 个千万级风电基地正在积极推进前期工作。

风电技术向大功率发展。我国风电机组发展趋势表现为向功率大型化发展,装机单机容量每年都有明显增长。2011 年新增风电装机中,功率为 1.5 MW 的机型仍然保持绝对优势,占新增装机容量的 74.1%,功率为 2 MW 的机型占 14.7%,2.5 MW 以上的机型占 3.5%,其他机型占 7.7%。目前多家企业已研发了 3 MW 以上的大型风电机组。

海上风能成为中国风能发展方向和制高点。与陆地风电相比,海上风电风能资源的能量效益比陆地风电场高 20%~40%,还具有不占用土地、风速大、沙尘少、电量多等优势,同时能够减少机组的磨损,延长风力发电机组的使用寿命,适合大规模开发。例如,浙江沿海安装 1.5 MW 风机,每年陆上可发电 1800~2000 h,海上则可以达到 2000~2300 h,海上风电一年能多发电 45 万 kW·h。另外,海上风电还能减少电力运输成本。由于海上风能资源最丰富的东南沿海地区,毗邻用电需求大的经济发达地区,可以实现就近消化,降低输送成本,所以发展潜力巨大。我国海上风能资源十分丰富,可利用的风能资源 7 亿多千瓦。东部沿海水深 2~15 m 的海域面积广阔,特别是江苏等地沿海、滩涂及近海具有开发风电的良好条件。

分散式风电开发大有可为。所谓分散式接入风电项目是指位于用电负荷中心附近,不以大规模远距离输送电力为目的,所产生的电力就近接入电网,并在当地消纳的风电项目。我国除"三北"(东北、华北、西北)地区的优质风资源外,其他地区也广泛分布着可被利用的风资源,虽然从风力、土地上看这些地方不具备发展大型风电的条件,但却是发展分散式风电的"沃土"。发展分散式风电项目能最大限度地利用风力资源,且分散式发电方式对风速、占地面积等要求较低,还可以就近入网、就地消纳,不需要电网的远距离输送。特别是在东部用电中心区域,如果能就近建设一些小规模风电,刚好可以缓解用电压力。

(3)风电装机分布

2013 年,我国西北、中南、华北地区风电开发速度加快,尤其是西北和中南地区。西北地区新增装机量达到 5435.2 MW,同比增长 76.7%,中南地区新增装机量 1814.8 MW,是 2012 年的 2 倍。东北地区及西南地区风电开发进程放缓,东北地区新增装机 1645.2 MW,同比下降 22.4%。截至 2021 年,全国累计并网风电装机 3.28 亿 kW,同比增长 17.3%。风电主要以华北地区、西北地区、华东地区为主,华北地区风电装机 8819 万 kW,占比 26.9%。西北地区紧随其后,风电装机 7505 万 kW,占比 22.8%。华东地区风电装机 6440 万 kW,占比 19.6%。华中地区、东北地区、西南地区、华南地区风电装机较少,分别占比 10.3%、7.9%、6.6%、6.0%。其中,12 省(区、市)风电装机超 2000 万 kW,内蒙古风电装机最大为 3996 万 kW,河北、新疆排名第二和第三,风电装机分别为 2546 万 kW、2408 万 kW。江苏、山西风电装机超 2000 万 kW。

从资源禀赋上看,我国陆上风电的开发主要集中在"三北"地区,电力耗量大的南部及中东南部地区则处在低风速区域。但近年来,为促进可再生能源发展,也为满足中东南部电力负荷高峰区域供电需求,我国陆上风电"开发地图"明显出现了"南移"。国内低风速区域内的风电装机主要分布在河南、安徽、江西、湖南和湖北五省,与2019年相比,安徽、河南两省新增装机增速超过100%,湖南、湖北两省装机同比增速均超过了80%。

2007年11月,中海油渤海湾钻井平台实验机组建成运行,标志着我国海上风电正式开始。2010年6月,我国首个、同时也是亚洲首个大型海上风电场——东海大桥100 MW海上风电场并网发电,标志着我国海上风电产业迈出了第一步。这些年,我国海上风电发展迅速,数据显示,2020年海上风电新增装机量超过300万kW,2021年国内海上风电并网项目共计65个,总规模超19.16 GW,其中江苏新增海上风电并网总规模达650万kW,居各省(区、市)之首,其次是广东,新增海上风电并网总规模达582万kW,福建、浙江分别新增海上风电并网规模318.8万kW、205.9万kW,以上五省2021年海上风电新增并网装机规模占总规模94%以上。

1.3 江西风能利用史

1.3.1 江西省风能资源评价工作发展历程

(1)探索阶段(1985—1999年)

探索阶段主要通过一些实地调研、课题研究,对江西鄱阳湖区的风力资源基本情况进行初步探索。鄱阳湖老爷庙水域动辄狂风巨浪、船覆人倾,称为江西的"百慕大",引起了交通部门和省内气象专家的重视。1984年9月,为研究老爷庙水域船损灾害的成因,江西省气象局成立"老爷庙大风及其对航运的影响科研小组",开展了《鄱阳湖区老爷庙水域的大风特征及其对航运的影响研究》课题。小组在星子县蓼花、都昌县老爷庙、永修县松门山分别布设了一个气象观测站,在1985年进行了为期一年的气象观测。期间还进行了三次短期加密考察,取得了20余万个原始数据。为期1年的观测数据表明,老爷庙水域年平均风速可达7 m/s,为内陆罕见,这里特殊的地形对风场有着非常明显的影响。当初以防灾减灾为目的的"鄱阳湖区老爷庙水域的大风特征及其对航运的影响研究"课题带来另一个收获:鄱阳湖老爷庙区域为风能资源丰富区,可开发风力发电项目。这颠覆了江西省为风能资源匮乏区的传统观点。

自1985年后,江西省气象科学研究所持续不断地研究鄱阳湖区域的风能资源分布,研究范围从老爷庙区域扩展至整个滨湖地区,为该区域风能资源开发利用提供基础数据。1985—1999年间,江西省气象科学研究所承担了《鄱阳湖区风能资源及风电应用技术研究》《鄱阳湖风电场选址研究》课题,开展了对鄱阳湖区的岛屿、半岛、高地的考察和风资源观测,观测统计了青山、屏峰、长岭等12个短期考察站的风观测资料以及经高度序列订正后的风速资料,得出江西省具有较好的风能资源、风能资源主要富集于鄱阳湖区的结论。

(2)初步规划、局地观测阶段(2000年—2003年10月)

随着国家对风力发电事业的重视,国家电力公司于1999年下发了《关于开展风电规划和研究工作》的通知,按通知要求江西省气象科学研究所与江西省电力公司于2000年编制完成了《江西省风电规划》。同年10月,江西省气象科学研究所承担江西省发展和改革委员会及江西省电力公司项目"江西省风电规划",项目于2000年3月完成,编制了《江西省风电规划》(简称《规划》)。《规划》在调研全省、特别是充分调研鄱阳湖地区风力资源的基础上,结合江西省火电、水电发展受能源及环境制约的实际情况,根据江西风能资源特点以及江西电力市场预测情况,提出了江西省风电规划思路及规划目标。同时,对江西省拟开发的风电项目进行了经济效益、社会环境影响的分析,从而进一步论证了江西开发风电的必要性及可行性,对有利于江西省开发所需要的各项政策提出了建议。"江西省风电规划"初步观测与调查结果表明,江西省风能资源具有以下特点:一是鄱阳湖区风能资源丰富、集中,可与同纬度浙江沿海相当,达到了全国风能资源丰富区和较丰富区的标准,有较好的开发条件和优势。二是在鄱阳湖区可以规划出6个风场,即屏峰风场、老爷庙风场、青山风场、长岭风场、松门山、吉山风场、沙岭风场。三是在江西省风和水具有不同步发生规律,使风电和水电具有季节互补特性。风力发电高峰处于冬季,与全省水电形成良好的季节互补,从而降低了冬季水电减少而对电网造成的影响。

2000年4月,江西省气象科学研究所受江西省电力公司委托,承担"老爷庙铁塔风资料观测"工作。在老爷庙风场进行了为期一年的风能资源连续观测,共设置了4座测风塔(50m塔2座,10m塔2座),测风高度分别为10m、30m、40m、50m 4个层次,并开展同期人工风能资源观测调查。2002年5月,江西省气象科学研究所受江西省电力公司委托,承担"江西省老爷庙风电场微观选址铁塔测风及风力资源评估"工作,统计整理了风向、风速数据,计算了风能参数。综合风能的各项参数,参考有关评价风能资源品质评价标准,评价了风能资源品质。江西省紧锣密鼓的风能开发前期工作受到了国家的高度关注,老爷庙风场2002年被列为联合国开发计划署(UNDP)赠款测风10个评估项目之一,并列入了全国20个大型风电场预可研项目之一。

(3)全面普查、分析与研究阶段(2003年10月至今)

①第一次风能资源普查

以国家发展和改革委员会2003年10月21—22日召开的"全国大型风电场建设前期工作会议"为标志,全国拉开了"风能资源普查-风资源评价"的帷幕,中国气象局组织各省(区、市)气象部门对全国风能资源进行评价。江西省气象局承担了江西省风电前期工作中风能资源的评价工作。由江西省发展和改革委员会(简称"发改委")牵头,成立了由江西省发改委、省气象局、省电力公司三家单位组成的省风电前期工作领导小组,江西省气象局为风能资源评价组组长单位。江西省气象局制定工作方案并上报省发改委审定后,根据江西省风能资源分布的特点,把江西省风能丰富区和较丰富区作为本次资源评价工作的一个重点。评价工作具体内容为:在现有气象台站资料和收集已有的其他测风资料基础上,在环鄱阳湖区设置5座测风站(10m),连续进行一年的风场观测,利用气候统计方法,对测风站资料订正延长,在全面的资料审核、统计、计算、分析的基础上,形成江西省风能资源评价报告,提交风能资源分布图、风能资源数据库。水平分辨率为40km左右,局部如鄱阳湖区周围可达10km。

2004年8月江西省风电前期工作领导小组召开了第一次会议,对江西省风电前期工作需要解决的问题进行了充分的讨论和安排。2005年,江西省发改委投资,在江西省庐山区设立3个10 m铁塔,在湖口县设立1个10 m铁塔,同年6月开始测风。

2006年3月完成了《江西省风能资源评价报告》(江西省气象科学研究所,2006)的编制,并通过中国气象局和江西省发改委的评审。通过此次风能资源普查,初步揭示了江西省风能资源分布规律。江西省风能资源主要分布在鄱阳湖沿岸,最佳区域主要是鄱阳湖北部从湖口到永修的松门山、吉山约90 km长的两侧湖道和浅滩,以及湖中一些岛屿。鄱阳湖湖滩面积达2610 km²,平坦而又开阔,其风功率密度在150~400 W/m²,年平均风速在5.0~7.0 m/s,年平均有效时数在5000~7000 h。江西省风能开发最佳区域大致可分为7个风场,即:皂湖风场、老爷庙风场、长岭风场、青山风场、沙岭风场、大岭风场及松门山—吉山风场。上述7个风场的10 m年平均风速在5 m/s以上、年平均风功率密度在150 W/m²以上、年平均有效时数在4000 h以上,具有较好的开发前景。2006年6月,《江西省风能资源评价报告》获江西省气象科技奖励成果应用项目奖集体一等奖。

2007年4月,以江西省气象科学研究所承担的《江西省风能资源评价报告》成果为基础制定的《江西省"十一五"新能源发展规划(风电篇)》出台。按照规划,"十一五"期间,江西省将充分利用环鄱阳湖等地区的风力资源,大力发展风力发电,支持能源工业的可持续发展。规划显示,江西省陆续投入开发的风场达14个,除于都屏山风电场外,大部分位于环鄱阳湖区。随着开发步伐的加快,2010年,江西省风电装机容量将达10万~12万 kW;2020年约达100万 kW。

②第二次风能资源普查

2007年6月,国家发改委、财政部、中国气象局联合发文(发改能源〔2007〕1308号):"为了进一步查清我国风能资源及其分布,做好风电建设前期工作和项目储备,建立国家风能资源评价体系,提高风能资源评价技术能力,更好地满足我国风电产业发展的需求",要求各省(区、市)气象局申报《风能资源详查和评价工作》。

2007年7月江西省发改委、江西省财政厅、江西省气象局联合向国家发改委、国家财政部、中国气象局申报了《江西省风能资源详查和评价工作申报书》。中国气象局综合各省工作需求以〔2007〕169号文向国家发展和改革委员会报送《风能资源详查区域和风能资源专业观测网方案》和《风能资源数值模拟、综合评估和数据库建设方案》。

2007年11月,国家发改委以发改能源〔2007〕3031号文、发改能源〔2007〕3032号文对风能资源详查区域和风能资源专业观测网、风能资源数值模拟、综合评价和数据库建设进行了批复。批复同意全国风能资源专业观测网建设共布设测风塔400座(其中:3座120 m,68座100 m,329座70 m),主要覆盖西北、华北、东北及东部沿海风能资源丰富区,并兼顾其他具有风能资源开发潜力的内陆地区,该项投资为1.9亿元;同时要求在2010年前完成风能资源数值模拟、综合评价和数据库建设等工作,该项投资为1.1亿元,项目总投资为3.0亿元。其中,江西省鄱阳湖区建设4个梯度测风塔(3个70 m,1个100 m),在山地建设2个70 m梯度测风塔,该项目投资为254.76万元;风能资源数值模拟、综合评估和风能资源数据库建设的投资为119.56万元(不含风电场工程综合评价、风电场工程数据库建设的投资),共计374.32万元。

2007 年 11 月 14 日:国家发展和改革委员会和中国气象局下达给江西省气象局"江西省风能资源详查和评价"项目,该项目包括:"江西省风能资源数值模拟""江西省风能资源综合评估""江西省风能专业观测网""风能资源数据库建设"四个专项。2011 年 11 月 4 日,江西省气象科学研究所完成了《江西省风能资源详查和评价报告》(江西省气象科学研究所,2011)的编制,在江西省气象局的主持下通过验收,进一步明确了江西省风能资源技术开发量、时空分布特征、灾害风险,获得了精细的江西风能资源立体图谱。取得的成果得到了江西省能源局的认可,部分成果纳入了江西省政府制定的《江西省"十二五"新能源发展规划(风电篇)》。

③重点风场风能资源详查

对全省重点风场风能资源进行评价,省气象部门承担了 40 余个风场、100 余座测风塔风能资源测量、评价和业务服务工作,为江西省风能资源开发提供了前期技术支撑。

2004 年,受江西省电业开发公司委托,江西省气象科学研究所开展沙岭风电场风能资源观测及评价工作,在星子沙岭立塔 3 座,其中 50 m 塔 2 座、35 m 塔 1 座,2004 年 4 月 15 日正式开始测风,进行了为期一年的风能资源连续观测,并形成《沙岭风场风能资源分析与评估报告》。

2004 年 8 月,受鄱阳县政府委托,江西省气象科学研究所开展鄱阳县(白沙洲、小鸣咀)风电场资源测量评估。接受委托后,江西省气象科学研究所、鄱阳县气象局组织专业技术人员到小鸣咀等地进行了实地勘察,收集了拟测风场所在地的自然、社会环境等与该项目有关的技术资料。经综合考虑各方面因素,决定先对小鸣咀、白沙洲风场资源进行测量评估,在鄱阳小鸣咀、白沙洲立塔 4 座,其中 60 m 塔 2 座、10 m 塔 2 座,2005 年 1 月正式测风。2006 年 3 月该工作通过验收。

2005 年 8 月,由江西省发改委能源处牵头,江西省气象局会同中国电力投资集团公司江西分公司、省电力设计院等单位加速推进江西省风电前期工作,在皂湖、长岭、青山、松门山、军山湖、于都屏山、白沙洲共树立 22 个测风塔,江西省气象科学研究所承担了中国电力投资集团公司(简称中电投)江西分公司和江西省发改委等单位委托的风资源评价工作。

2005 年 9 月,江西省气象科学研究所承担中国电力投资集团公司江西分公司项目"江西省四县(区)重点风场风资源评价",该项目于 2007 年 12 月通过验收。项目在都昌、湖口、庐山、于都 4 县(区)8 地共建 15 座测风塔(其中庐山区长岭 70 m 及 40 m 塔各 1 座,庐山区狮子山 40 m 塔 1 座;湖口皂湖—屏峰 70 m 塔 1 座,40 m 塔 3 座;都昌矶山湖立 70 m 塔 1 座,40 m 塔 4 座;于都屏山 10 m、40 m、70 m 塔各 1 座),对环鄱阳湖区域重点风场风资源进行测量及评价。项目直接推动鄱阳湖区首个风力发电场——大岭风电场建成运行及后续矶山湖、长岭、老爷庙 3 个风电场建成发电,填补了江西省风电场建设空白。

2007 年 6 月,江西省气象科学研究所承担江西省发改委项目"赣南山地风场风能资源测量与评估",由江西省发改委投资,江西省气象科学研究所在安远凤山、上犹风打坳立 2 座 50 m 测风塔。同年 11 月,承担评价的赣南山区 2 个 50 m 风能资源监测铁塔开始正式测风。该项目于 2009 年 2 月通过验收。

2001—2008 年,江西省境内前后共设立风能资源观测塔 50 余座,其中大部分由江西省气象科学研究所承担风能资源观测和评价工作。气象部门承担并完成的风能资源评价的风场有：老爷庙风场、沙岭风场、长岭风场、白沙洲风场、小鸣咀风场、湖口皂湖—屏峰风场、屏山风场、狮子山风场、张家塘风场等。

2009年之后，江西省风能资源评价工作由鄱阳湖区扩展至山地。2009—2022年，江西省气象局受江西省能源局委托，承担了中电投江西新能源发电有限公司、大唐江西分公司、华能江西分公司等多个发电公司36个山地风场的风资源调查与评估任务，具体见表1.1。

表 1.1　山地风场名称及测风塔设置

风场名称	观测塔
乐安鸭公嶂风场	80 m 测风塔 1 座
铜鼓太阳岭风场	80 m 测风塔 1 座
万载、铜鼓太阳岭风场	80 m、90 m 测风塔各 1 座
安远九龙山风场	10 m 测风塔 3 座，70 m、80 m 测风塔各 1 座
永丰灵华山风场	10 m 测风塔 1 座，70 m 测风塔 5 座
永丰高龙山风场	70 m 测风塔 1 座
永丰高龙山风场	10 m 测风塔 1 座，70 m 测风塔 2 座
宜黄十八排风场	70 m 测风塔 1 座
宜黄鱼牙嶂风场	70 m 测风塔 2 座
崇义龙归风场	70 m 测风塔 1 座
上犹双溪风场	10 m 测风塔 2 座，70 m 测风塔 1 座，50 m 测风塔 3 座
兴国大水山风场	10 m 测风塔 1 座，90 m 测风塔 11 座
兴国大水山风场	90 m 测风塔 3 座
兴国莲花山风场	90 m 测风塔 1 座
赣茅店风场	90 m 测风塔 1 座
宁都钩刀咀风场	80 m 测风塔 1 座
宁都官山风场	80 m 测风塔 1 座
定南双山风场	80 m 测风塔 1 座
定南岽美山风场	80 m 测风塔 1 座
信丰万油风场	80 m 测风塔 2 座
修水九云岭风场	80 m 测风塔 1 座
修水山炮岭、眉毛山风场	70 m 测风塔 2 座
修水张澄湖风场	10 m 测风塔 1 座，90 m 测风塔 2 座
赣州武华山风场	80 m 测风塔 1 座
南康清田风场	80 m 测风塔 1 座
上饶四角坪风场	10 m 测风塔 1 座，90 m 测风塔 2 座

风场名称	观测塔
遂川左安桃源风场	90 m测风塔1座
泰和水槎风场	10 m测风塔1座,50 m测风塔4座,70 m测风塔2座
瑞昌横立山风场	70 m测风塔1座
万安高山嶂风场	10 m、70 m测风塔各1座
永新秋山风场	80 m测风塔1座
永修桃花尖风场	70 m测风塔1座
于都屏山风场	50 m、70 m测风塔各1座
于都西山地风场	10 m测风塔1座,70 m测风塔2座
于都钟公嶂风场	10 m、70 m测风塔各1座
都昌大港风场	90 m测风塔1座

④风能资源利用与开发研究

江西省开展风能资源相关科研项目近20项,发表相关科技论文20余篇,荣获2009年度江西省科技进步二等奖1项,气象科技创新集体(项目)、省局科技创新奖等厅局级奖励4项。科研成果在内陆复杂地形地区风能资源储量及分布规律研究方面达到国内领先水平;达到国内山地风电场宏观选址风能资源评估技术的领先水平、国际先进水平。

2003年12月,江西省气象科学研究所承担江西省气象局项目"鄱阳湖区风电资源评估初步研究"通过验收。项目研究成果为当时的江西省电力局编制的《江西省风电规划》,江西省电力设计院编制的《全国风电建设前期工作成果(规划报告篇)》江西篇提供绝大部分内容。荣获江西省气象局2003年度气象科技创新集体(项目)科技创新贰等奖(赣气发〔2004〕61号)。

2005年1月,江西省气象局拨出专款进行"基于'3S'技术的环鄱阳湖风场垂直分布数值模拟研究",该项目于2009年9月28日通过验收(赣气科验字〔2009〕010号)。项目采用"3S"(GIS,GPS,RS)技术,解译了环鄱阳湖的地形和下垫面类型,利用现有的环鄱阳湖气象台站、高空资料及美国国家环境预报中心(NCEP)资料,采用了RBLM、MM5、WEST和WINDSIM共4个不同的数值模拟模式,摸拟了鄱阳湖区及其重点风场的风能资源,绘制了鄱阳湖区风能资源图谱,对环鄱阳湖区风电场宏观选址提出了建议。研究成果已经应用于江西省风能资源评价、江西省风能资源详查等国家发改委项目中,取得了显著的社会、经济和环境效益。

2005年11月,江西省气象科学研究所自立项目"环鄱阳湖区风能资源数值模拟初步研究",该项目于2006年11月结题。项目应用MM5中尺度气象模式为基础,结合"3S"技术,对环鄱阳湖风场进行数值模拟,研究出根据部分点位的风能资源情况逆行推算出一片较大区域的风能资源的方法。

2006年1月,江西省气象科学研究所承担中国气象局下达的新技术推广项目"鄱阳湖区风能资源储量及分布规律研究",该项目于 2009 年 6 月 5 日通过验收。项目在风能资源调查、观测、评价和研究的基础上,找出了鄱阳湖区风能资源丰富区,用数值模式模拟了鄱阳湖区和重点风场的风能资源,计算了鄱阳湖区风能资源总储量,研究总结了鄱阳湖区风能资源分布特征。项目在内陆复杂地形地区风能资源储量及分布规律研究方面达到国内领先水平(科技厅鉴定赣科鉴字〔2009〕第 109 号),并获得 2009 年度江西省科技进步二等奖。

2006 年 6 月,江西省气象科学研究所承担中国气象局业务试点项目"风电场选址和风电场业务保障系统",项目于 2010 年 12 月结题。项目在充分利用环鄱阳湖区现有的风能资源监测网的基础上,增设"1+3"风能资源监测塔,采用无线传输通信技术,利用中尺度数值模拟、"3S"技术以及计算机、网络等高新技术,建立了具有风能资源动态监测、评估分析和预报预警功能的风电场选址和风电场保障业务系统,为全国各地气象部门开展风电场选址和风电场运行保障提供应用平台,推动内陆省份乃至全国风能资源监测网和风电场保障业务服务系统的建设。项目的建设进一步推动了复杂地形地区风能资源的层次普查和评估,为风能资源开发利用规划、大型风电场勘察和选址提供技术支持,为风电场建设、运行、调度提供实时气象监测和预报服务,对江西省开发利用风能资源和调整能源结构具有非常重要的意义。

2007 年 11 月,江西省气象科学研究所还承担了国家发展和改革委员会及中国气象局下达的"风能资源长期数值模拟及分析集成"子课题和"国家风能资源数据库建设"子课题,于 2011 年 12 月在中国气象局通过验收。

2007 年 12 月,江西省气象科学研究所承担江西省气象局项目"高海拔风场风速的长年代订正方法研究",2015 年 12 月结题。项目利用气象站、探空资料及 NASA(美国国家航空航天局)再分析资料对江西省高海拔山地风场数据插补订正及长年代订正进行研究,得出 NASA 再分析资料可以做为高海拔山地风场订正参考数据(吴琼 等,2019a)。研究成果被应用于为高海拔风场风能资源评价报告编制提供参证站数据,已应用于宜黄、桃花尖、贵溪等 20 余个高山风场 2012—2016 年度风能资源评估报告,获得 2017 年度江西省气象局气象科技创新驱动发展奖科研开发与应用三等奖。

2008 年 12 月,江西省气象科学研究所承担江西省气象局项目"鄱阳湖区近地面层风随高度变化特征研究",项目于 2009 年 10 月 9 日通过验收(赣气科验字〔2009〕020 号)。项目收集鄱阳湖区现有代表性的测风塔资料,分析不同风电场测风塔不同高度的小时平均风速、月平均风速、年平均风速、拟合各风电场近地面层风速廓线,分析风向随高度的变化特征,并结合气候背景,综合分析各风电场的风向、风速随高度变化规律。研究成果已经应用于江西省风能资源评价、江西省风能资源详查等国家发改委项目中,取得了显著的社会、经济和环境效益。

2009 年 1 月,江西省气象科学研究所承担江西省科技厅项目"鄱阳湖区风能资源详查与特性研究",于 2013 年 11 月 20 日通过省科技厅验收。项目以中国气象局在鄱阳湖区典型代表区域建设的 3 个 70 m、1 个 100 m 风能资源监测数据为基础开展,结合江西省鄱阳湖区 22 座企业测风塔实测资料,建设了风能资源数据库;开展了鄱阳湖区风能资源详查和评价;进行了鄱阳湖区风能资源特性研究,找出了鄱阳湖区风能资源地域分布规律、风速随高度分布规律;复杂地形条件下的风能资源精细化的评价方法;复杂地形条件下风电场选址技术;为鄱阳湖区风电场开发的风机设计和选型提供了建议。研究成果在笔架山、大岭二期、蒋公岭等风电场的开发建设中发挥了重要作用,获得2015年度江西省气象局气象科技创新驱动发展奖科研开发与应用二等奖。

2010年1月,江西省气象科学研究所承担江西省科技厅及江西省气象局重点项目"江西省风电功率预报技术研究",项目对比分析了MM5和WRF两种模式对风速预报效果,同时还对比分析了MYJ和MRF两种不同边层界方案对风速预报效果,最终选取了较优的预报模型和边界层方案(吴琼 等,2019b),并利用其建立了鄱阳湖区风速预报模型,以及预报风速和风电场发电量的统计模型,实现了长岭风场发电量预报(吴琼 等,2020)。项目研究成果应用于在长岭风场风速预报工作中,为风电场电网调度提供了参考,获得2018年度江西省气象局气象科技创新驱动发展奖科研开发与应用三等奖。

2010年9月,江西省气象科学研究所承担中国气象局科技部行业专项"复杂地形风能预报技术研究"子项目,2014年8月在中国气象局组织下通过验收。项目揭示了鄱阳湖复杂地形下风能资源特性,研究出了合适江西省的风能资源预报系统,有利于拓展风电场风功率预报的服务,电力部门就风电预报服务已与江西省气局相关部门进行多次业务咨询。

2013年—2019年,江西省气象科学研究所承担江西省气象局重点项目"分散式山地风场风能资源评估技术研究"、江西省科技厅科技支撑项目"江西省山地风场风资源特征分析""江西省山地风电场覆冰灾害研究"、江西省科技厅重点科技成果转移转化计划重点项目"江西省风能资源详查及其成果应用"、中国气象局气候变化专项"南方丘陵山地风电场覆冰风险研究"5项课题。通过这些课题的研究,优化了基于中尺度模式WRF和微尺度模式CALMET的江西山地复杂地形的精细化风能评估方法;揭示了江西省山地风场风资源时空分布特征及资源特性;基于江西省山地风电场气象风险及其特征分析,研制出风机叶片覆冰气象模型。通过江西山地风电场宏观选址风能资源精细化评估技术,遴选出了全省山地风能资源技术可开发区,为风电场规划、设计、运营气象风险提供技术保障,推动了装机容量235.57万kW(占全省装机容量51.3%)的山地风电场建设,服务效益显著,达到国内山地风电场宏观选址风能资源评估技术的领先水平、国际先进水平。

1.3.2 江西省风电开发历史

(1)"十一五"江西省风电开发

江西省气象局高度重视江西风能资源开发利用工作。2005年初,江西省气象局局长、政协委员陈双溪向江西省政协递交了"关于大力发展江西风力发电"的提案;2005年3月,向全国政协十届三次全会递交了"关于大力发展江西风力发电"的提案,该提案已作为全国政协第2242号提案由国家发改委、江西省人民政府、中国气象局分别研究办理,并请江西省发改委、江西省气象局、江西省电力公司于5月20日前提出办理意见。江西省气象局以〔赣气机字〕第89号进行批复处理。2005年3月,原国家能源部黄毅诚部长致信江西省黄智权省长,认为鄱阳湖区风能资源开发潜力很大,建议在鄱阳湖区大规模建设风电场。2005年11月,全国政协人口资源环境委员会温克刚、张洽副主任一行亲临江西省,实地调研、考察、指导江西省风能资源的开发利用工作,对江西省气象部门在风能资源评价方面扎实有效的工作给予高度评价。根据调研形成的调研报告《关于进一步推动风电产业发展的调研报告》引起了温家宝总理的高度重视,并对此作了"请马凯、富才同志阅研"的重要批示。江西省政协把风能资源开发利用作为 2005 年重点调研项目,先后赴新疆、内蒙古、辽宁等省(区)以及星子、都昌、鄱阳县实地考察、调研。

2007 年 4 月,《江西省"十一五"新能源发展规划(风电篇)》出台,规划指出,"十一五"期间,江西省规划在环鄱阳湖区建成星子大岭风电场一期、都昌老爷庙风电场一期、庐山区长岭风电场一期和都昌矶山湖风电场。2010 年,江西省风电装机容量将达 10 万～12 万 kW。

2007 年 11 月 26 日,江西省气象科学研究所全程参与选址、调查、测风、评价和研究的江西省首个风电项目——"江西中电投新能源发电有限公司矶山湖风电项目"正式开工建设。2009 年 1 月,矶山湖风电场、长岭风电场正式投入运行,实现了江西省风电从无到有、从理论到实践的重大跨越。矶山湖风电场总投资 3.47 亿元,总安装 20 台 1500 kW 的新型风力发电机组,建成后总装机容量为 3 万 kW,年发电量为 5500 万 kW·h,每年可节约标准煤 1.9 万 t,减少二氧化碳排放 5.9 万 t,减少二氧化硫排放 215.8 t。

2009 年 2 月 27 日,长岭风力发电场 23 台风机全部安装到位并实现并网发电,该风电场总投资 3.55 亿元,总装机容量为 3.45 万 kW,年平均上网发电量为 7000 万 kW·h。

2009 年 12 月 22 日,江西省第三个开工建设的风电项目—位于鄱阳湖畔的星子县大岭风力发电场 13 台风电机组已正式并网发电,大岭风力发电项目总投资 2.15 亿元,安装了 13 台 1500 kW 风机,累计发电量 2.38 亿 kW·h,每年可节约标准煤 1.35 万 t,减少一氧化碳排放 3.5 t,减少二氧化碳排放 4.2 万 t,减少二氧化硫排放 202 t,减少氮氧化物排放 123 t,减少粉尘排放 123 t。

截至 2010 年底,相继建成了矶山湖 3 万 kW、长岭 3.45 万 kW、大岭 1.95 万 kW 三个风电项目,风电总装机容量达 8.4 万 kW,全年发电 1.45 亿 kW·h,折合标准煤 4.35 万 t;并已开工建设了装机容量 4.95 万 kW 的老爷庙风电项目,风电开发走在中部省份前列(图 1.4)。

矶山湖风电场　　　　　　　　　　　长岭风电场

图 1.4　已建成的风电场

（2）"十二五""十三五"江西省风电开发

2012 年,《江西省"十二五"新能源发展规划》出台,规划指出,要充分利用江西在中部地区的风能资源优势,以鄱阳湖陆地以及部分高山风资源较好区域为重点,建设一批风电场,适时启动鄱阳湖浅滩风电开发,至 2015 年,江西风电总装机容量达到 100 万 kW 以上。规划了 7 个重点项目:蒋公岭风电场(11 万 kW)、皂湖陆地风电场(皂湖、屏峰、湖山、笔架山22.7 万 kW)、吉山风电场(4.8 万 kW)、松门山风电场(4.8 万 kW)、九岭山风电场(10 万kW)、泰和水槎风电场(15 万 kW)、上犹双溪风电场(10 万 kW)。2017 年,《江西省"十三五"能源发展规划》指出,"十三五"期间将加快发展可再生能源资源开发利用,以高山风场为重点发展风电,新建风电装机规模 300 万 kW。

2010 年 10 月 29 日,江西中电投新能源发电有限公司投建的老爷庙风电场正式开工,项目总投资约 5 亿元。老爷庙风电场装机容量 4.95 万 kW,安装单机容量 1500 kW 的风电机组 33 台,设计年发电量 1.02 亿 kW·h,是江西省继矶山湖、长岭、大岭风电场之后的第四座风电场。

随着各个风电项目的上马,截至 2020 年,江西省共建设有风电场 67 个,风能装机容量达到 505 万 kW。

第 2 章
风能资源观测与调查

2.1 测风塔设置

江西省气象局承担风能资源观测的测风塔 105 座。其中 100 m 高测风塔 1 座,90 m 高测风塔 20 座,80 m 高测风塔 15 座,70 m 高测风塔 31 座,60 m 高测风塔 2 座,50 m 高测风塔 12 座,40 m 高测风塔 9 座,10 m 高测风塔 15 座。测风塔位于江西省各个主要风场,测风塔和风场分布情况见图 2.1 和图 2.2。

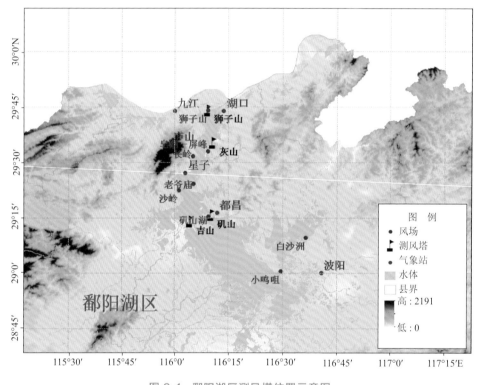

图 2.1 鄱阳湖区测风塔位置示意图

江西省 105 座测风塔中 99 座测风塔由地方投资,江西省气象科学研究所承担风能资源评估工作,测风塔仪器观测层次和设置见表 2.1a。另外 6 座测风塔是江西省气象局在 2007 年根据国家发展和改革委员会《关于风能资源区域和风能资源专业观测网方案的批复》(发改能源〔2007〕3031 号)和中国气象局下发的《测风塔选址技术指南》要求,经过详细的现场勘察,选定了江西省 6 个测风塔位置。每个测风塔力求能够代表所在区域的风况特征,并尽量避开基本农田、经济林地、自然保护区、风景名胜区、矿产压覆区、墓地、居民点、军事禁区、规划项目建设区等不适宜建设风电场的区域。测风塔仪器观测层次和设置见表 2.1b。

根据国家标准《风电场风能资源测量方法》(GB/T 18709—2002)和国家发改委下发

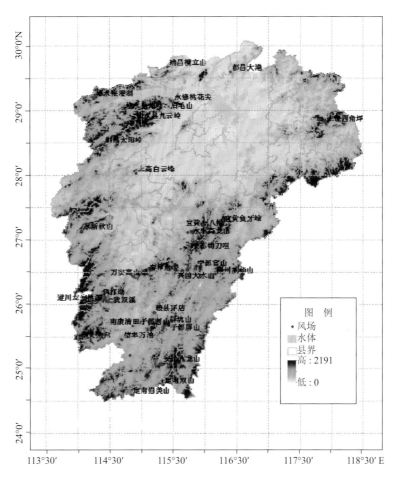

图2.2　山地测风塔位置示意图

的《风电场风能资源测量和评估技术规定》要求,结合当前主要风电机机型、轮毂高度以及未来风机发展趋势,并考虑各地气候特征和风能资源评估技术发展需要,确定该6座测风塔中各类测风塔仪器观测层次和设置。

(1)70 m测风塔

——风速传感器安装在10 m、30 m、50 m、70 m高度;

——风向传感器安装在10 m、50 m、70 m高度;

——温湿度传感器安装在10 m和70 m高度;

——气压传感器安装在8.5 m高度。

(2)100 m测风塔

——风速传感器安装在10 m、30 m、50 m、70 m、100 m高度;

——风向传感器安装在10 m、50 m、70 m、100 m高度;

——温湿度传感器安装在10 m和70 m高度;

——气压传感器安装在8.5 m高度。

江西省各测风塔设置情况见表 2.1a 和表 2.1b。

表 2.1a 江西省风能资源专业观测网测风塔设置一览表

区名称	测风塔名称	测风塔编号	塔高/m	海拔高度/m	风速层次/m	风向层次/m	温湿度层次/m	气压层次/m
鄱阳湖区	狮子山	14001	70	96.0	10、30、50、70	10、50、70	10、70	8.5
	矶山	14002	70	153.0	10、30、50、70	10、50、70	10、70	8.5
	灰山	14003	100	103.0	10、30、50、70、100	10、50、70、100	10、70	8.5
	吉山	14004	70	89.0	10、30、50、70	10、50、70	10、70	8.5
山地	屏坑山	14005	70	1190.0	10、30、50、70	10、50、70	10、70	8.5
	风打坳	14006	70	1126.0	10、30、50、70	10、50、70	10、70	8.5

表 2.1b 江西省风能资源地方测风塔设置一览表

区名称	名称	塔号	地点	塔高/m	海拔高度/m	风速层次/m	风向层次/m
鄱阳湖	矶山湖	1号	大矶山西	70	1184	10、25、50、70	10、70
		2号	矶山南	40	147	10、25、40	10、40
		3号	大矶山中	40	140	10、25、40	10、40
		4号	张家塘	40	120	10、25、40	10、40
		5号	射山	40	52	10、25、40	10、40
	皂湖—屏峰	1号	屏峰	70	86	10、25、50、70	10、70
		2号	屏峰	40	58	10、25、40	10、40
		3号	螺蛳山	40	162	10、25、40	10、40
		4号	皂湖	40	62	10、25、40	10、40
	狮子山	1号	狮子山	40	55	10、25、40	10、40
	小鸣咀	1号	小鸣咀西	60	77	10、50、60	10、50、60
	白沙洲	1号	白沙洲西	60	24	10、40、50、60	10、60
	长岭	1号	长岭东	70	25	10、25、50、70	10、70
		2号	长岭西	40	137	10、25、40	10、40
	沙岭	1号	沙岭北	50	126	10、20、40、50	10、20、40、50
		2号	沙岭西	10	90	10	10
		3号	沙岭东	50	130	10、20、40、50	10、20、40、50
	老爷庙	1号	刘家山	70	60	10、25、40、60、70	10、70
		2号	笔架山山下	70	188	10、40、60、70	10、70
		3号	新屋刘村山上	70	167	10、40、60、70	10、70
		4号	型砂厂附近	80	133	10、25、40、60、70、80	10、80
		5号	蒋公岭山下	80	85	10、25、40、60、70、80	10、80

续表

区名称	名称	塔号	地点	塔高/m	海拔高度/m	风速层次/m	风向层次/m
	上犹风打坳	1号	风打坳	50	1184	10、30、50	10、50
	上高白云峰	1号		50	1004	10、30、50	（未提供）
	乐安鸭公嶂	1号		80	1239	10、30、50、70、80	10、80
	铜鼓太阳岭	1号		80	1399	10、30、50、70、80	10、80
	万载、铜鼓太阳岭	1号		90	1080	30、50、70、80、90	30、80、90
	安远九龙山	1号		10	1101	10	10
		2号		10	807	10	10
		3号		10	796	10	10
		4号		70	1028	10、30、50、70	10、70
		5号		80	908	10、30、50、70、80	10、80
	永丰灵华山	1号		10	1200	10	10
		2号		70	1140	10、30、50、70	10、70
		3号		70	1288		
	永丰高龙山	1号		10	974	10	10
		2号		70	884	10、30、50、70	10、70
		3号		70	737		
山地	宜黄十八排	1号		70	1297	10、30、50、70	70、10
	宜黄鱼牙嶂	1号	鱼牙嶂南	70	1413	10、30、50、70	10、70
		2号	鱼牙嶂北	70	1421	10、30、50、70	
	崇义龙归	1号		70	1277	10、50、70	
	上犹双溪	1号		70	1125	10、30、50、70	
		2号		10	890	10	10
		3号		10	1197	10	10
		4号		50	1177	10、20、30、50	10、50
		5号		50	905		
		6号		50	1171		
	兴国大水山	1号		90	848	10、30、50、70、80、90	10、50、90
		2号		10	879		
		3号		90	788		
		4号		90	902	10	10
		5号		90	663	10、30、50、70、80、90	10、50、90
		6号		80	855		
		7号		80	878		
		8号		80	620		
		9号		80	924		

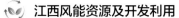

区名称	名称	塔号	地点	塔高/m	海拔高度/m	风速层次/m	风向层次/m
山地	兴国大水山	10号		90	646	10、30、50、70、80、90	10、50、90
		11号			776		
		12号			861		
	兴国莲花山	1号		90	906	10、30、50、70、80、90	10、50、90
	赣县茅店	1号		90	817	10、30、50、70、80、90	10、90
	宁都钩刀咀	1号		80	1234	10、30、50、70、80	10、80
	宁都官山	1号		80	1104	10、30、50、70、80	10、80
	定南双山	1号		80	1057	10、40、60、80	10、60、80
	定南岜美山	1号		80	925	10、30、50、70、80	10、80
	信丰万油	1号		80	724	10、40、60、80	10、60、80
		2号		80	545		
	修水九云岭	1号		80	1470	10、30、50、70、80	10、80
	修水山炮岭、眉毛山	1号		70	1229	10、30、50、70	10、70
		2号		70	492		
	修水张澄湖	1号		10	1108	10	10
		2号		90	951	10、30、50、70、80、90	10、70、90
		3号		90	881		
	赣州武华山	1号		80	1088	10、30、50、70、80	10、80
	南康清田	1号		80	665	10、40、60、80	10、80
	上饶四角坪	1号		90	1244	10、30、50、70、80、90	10、50、90
		2号		10	1045	10	10
		3号		90	1343	10、30、50、70、80、90	10、50、90
	遂川左安桃源	1号		90	1338	10、50、60、70	10、70
	泰和水槎	1号	黄龙坪	50	796	10、20、30、50	10、50
		2号	钓鱼台	50	876		
		3号	轿顶石	50	1090		
		4号	天湖山	50	1145		
		5号		70	772	10、30、50、70	10、70
		6号		10	718	10	10
	瑞昌横立山	1号		70	724	10、50、60、70	10、70
	万安高山嶂	1号		70	742	10、50、60、70	10、70
		1号		10	642	10	10
	永新秋山	1号		80	1363	10、30、50、70、80	10、80
	永修桃花尖	1号		70	900	10、50、70	10、70
	于都屏山	1号		70	1232	10、30、50、70	10、70
		2号		50	1232	10、20、30、50	10、50

区名称	名称	塔号	地点	塔高/m	海拔高度/m	风速层次/m	风向层次/m
山地	于都西山地	1号		10	1164	10	10
		2号		70	1204	10、30、50、70	10、70
		3号		70	890		
	于都钟公嶂	1号		10	981	10、30、50、70	10、70
		2号		70	792	10	10
	都昌大港	1号		90	590	10、30、50、70、80、90	10、90

2.2　测风仪器

2.2.1　观测仪器

江西省风能资源专业观测网仪器见表 2.2，江西省风能资源地方测风塔仪器见表 2.3。

表 2.2　江西省风能资源专业观测网仪器一览表

区名称	测风塔名称	测风塔编号	仪器
鄱阳湖区	狮子山	14001	无锡测风系统
	矶山	14002	
	灰山	14003	
	吉山	14004	
山地	屏坑山	14005	
	风打坳	14006	

表 2.3　江西省风能资源地方测风塔仪器一览表

区名称	风场名称	仪器
鄱阳湖区	矶山湖风场	NRG 测风系统
	皂湖-屏峰风场	NRG 测风系统
	狮子山风场	NRG 测风系统
	小鸣咀风场	CAWS800 测风系统
	白沙洲风场	NOMAD-2 型测风仪
	长岭风场	NRG 测风系统
	沙岭风场	先采用 ZFJ-Ⅱ测风系统,后更换为 NOMAD-2
山地	所有风场	NRG 测风系统

2.2.2　观测仪器性能

测量要素包括:风速、风向、温度、湿度、气压。风能观测仪器技术性能指标见表 2.4。

表 2.4　观测仪器技术性能表

测量要素	测量范围	分辨力	准确度	平均时间	采样速率
风速	0～60 m/s	0.1 m/s	±(0.5＋0.03 V)m/s	3 s 1 min	1 次/s
风向	0°～360°	3°	±5°	2 min 10 min	
温度	−40～+50 ℃	0.1 ℃	±0.2 ℃	1 min	6 次/min
湿度	0～100%	1 %	±4%(≤80%) ±8%(>80%)	1 min	6 次/min
气压	500～1100 hPa	0.1 hPa	±0.3 hPa	1 min	6 次/min

2.3　测风数据采集

数据采集分为观测数据远程自动传输和现场人工读取两种方式。

2.3.1　观测数据远程自动传输

测风系统可将各传感器的原始信号(风速、风向、气温及气压)统计为 10 min 平均值、10 min 标准差、10 min 内极大值、10 min 内极小值。系统每 10 min 自动将数据写入储存卡,通过无线方式远程发送数据至指定邮箱或地址。

2.3.2　现场观测数据读取

现场观测数据读取采取定期和不定期读取两种方式,由观测塔所在地气象部门承担。

定期读取:每月到观测现场读取全部观测数据,并填写数据读取记录。

不定期读取:出现以下情况时,采取不定期数据读取:(1)观测系统无法实现数据远程自动传输并且手动卸载数据失效时;(2)风力达到 10 级以上的强天气过程经过超声观测系统之后;(3)因临时需要相关资料时。

2.4 测风数据处理

2.4.1 风能观测数据的质量检验

（1）仪器精度控制

观测仪器在进入现场安装之前，均由观测仪器供应商进行测试和检定，中国气象局气象探测中心对观测仪器进行检定抽检；为确保观测仪器的准确性，风能观测网观测运行满一年度后，要对所有测风塔上的风速、风向传感器进行了年度检测，并根据检测结果对观测数据进行了修正。

（2）数据完整性检验

对观测记录进行完整性审查，给出逐月和年度数据的完整性描述，以数据完整率表示：

$$数据完整率 = \frac{应测数据量 - 缺测数据量 - 无效数据量}{应测数据量} \times 100\%$$

（3）数据合理性检验

（a）一般检验：按照国家标准《风电场风能资源评估方法》（GB/T 18710—2002）中推荐的参考值（见表2.5）对原始数据进行完整性、合理性及有效性分析检验。

（b）特殊检验：对于梯度观测数据，根据各观测层数据的一致性、合理性进行审查、判断；对同时段各测风塔观测数据的一致性、合理性进行审查、判断。

（c）根据重大天气过程如：强冷空气、热带气旋等天气特征要素时空分布的合理性进行判断。

表2.5 主要参数的合理参考值

分析项目	主要参数	合理范围
参数的合理范围	平均风速	0≤小时平均值<40 m/s
	风向	0≤小时平均值<360°
	海平面气压	94 kPa<小时平均值<106 kPa
参数的合理相关性	50 m/30 m 高度小时平均风速差值	<2.0 m/s
	50 m/10 m 高度小时平均风速差值	<4.0 m/s
	50 m/30 m 高度风向差值	<22.5°
参数的合理变化趋势	1 h 平均风速变化	<6.0 m/s
	1 h 平均温度变化	<5.0 ℃
	3 h 平均气压变化	<1 kPa

2.4.2 缺测和无效数据的插补订正

(1)风能资源专业观测网数据插补订正方法

根据气象统计学理论,对测风塔缺测和无效数据进行插补订正,具体方法为:利用需要插补订正的测风塔已有的观测数据,与同塔其他高度层或者相邻测风塔或者相应参证站同时段的观测资料进行相关分析,在满足统计样本数量的前提下,进行相关计算和检验。

采用检验统计量 F 来检验相关系数的可靠性:

$$F = R^2 \left/ \frac{1-R^2}{n-2} \right. \tag{2.1}$$

式中,R 为相关系数,n 为样本量,通过给定 0.01 的信度,检验 F 值。

根据《风电场气象观测及资料审核、订正技术规范》(QX/T 74—2007)推荐的方法,选取同期观测时段内的日平均风速样本,采用比值法计算出订正系数 k,则可以利用参证塔(或参证站)的完整风速数据推算出缺测数据。

(2)风能资源地方测风塔数据插补订正方法

风向记录为空格的或风向记录明显异常的用同塔其他高度层的风向记录替代,若某时段该塔各高度层风向记录均无效,则用异塔的风向记录替代,若两塔风向记录均异常或无效就用气象站的观测记录代替。

风速记录长时间为零、异常偏大或偏小的用同塔其他高度层的风速记录经梯度变化修正后替代;若某塔风速记录均无效,则用异塔的风速记录经相关性分析修正后替代;若某时段两塔的风速记录均无效,则用气象站的记录经相关性分析修正后替代。

通过上述方法对数据检验和插补订正处理,从而得到完整的数据序列,作为"样本数据"。

2.4.3 数据整理

经过各种检验,剔除掉无效数据,替换上有效数据,整理出至少连续一年的风场实测逐小时风速风向数据,并注明这套数据的有效数据完整率。编写数据验证报告,对确认为无效数据的原因应注明,替换的数值应注明来源。

第 3 章
江西省风能资源特征

3.1 江西省气候概况

3.1.1 地理位置

江西省地处中国东南偏中部,长江中下游南岸,东邻浙江、福建,南连广东,西靠湖南,北毗湖北、安徽而共接长江。其东西跨 5 个经距,西起 113°34′E,东至 118°29′E,纬度南起 24°29′N,北至 30°05′N,处北半球亚热带之内,面积 16.69 万 km²。

鄱阳湖为与赣江、抚河、信江、饶河、修河五大河流尾闾相接似盆状的天然凹地,是受长江、"五河"水位制约水量吞吐平衡而成的连河湖,位于江西省境北部,115°49′—116°46′E,28°24′—29°46′N。

边缘山地遍布于江西省境周围。

3.1.2 地形地貌

江西省是我国江南丘陵的重要组成部分,地貌以山地丘陵为主,山地占总面积的 36%,丘陵及低丘岗地占 53%,平原及水域占 11%。整个地势南高北低,由南向北,从周边向鄱阳湖缓缓倾斜,形成一个向北开口、以鄱阳湖为底部的巨大盆地。东、南、西三面群山环绕,峰峦重叠,山势峻拔;中部丘陵、盆地相间;北部地面开阔,平原坦荡,河湖交织,主要河流赣、抚、信、饶、修五河均发源于边缘山地,汇流于鄱阳湖,然后注入长江。

鄱阳湖平原:又称赣北平原或鄱阳湖盆地,为长江及鄱阳湖水系赣、抚、信、饶、修等河流冲积而成的湖滨平原。平原外侧,低丘岗地广布,地面波状起伏,海拔在 50～100 m,内侧湖滨圩区,海拔多在 20 m 以下,地势低平,港汊纵横草洲滩地连片,鄱阳湖座落中央。鄱阳湖整体最大长度 173 km,最宽处 70 km,平均宽度 16.9 km。入江水道最窄处仅 3 km。湖体状似葫芦,以松门山为界分南北两部分,北部似葫芦颈部,狭窄且较深,为入长江湖道,由于两岸山体屏障,形成"狭管湖道"特殊地形。南部状似葫芦大肚子,宽阔且较浅,为"五河"汇流的主体湖。鄱阳湖主体水域面积丰水期平均为 3900 km²,枯水期平均 1290 km²,浅滩有半年时间处水面之上。湖区水田面积最大,占湖区总面积的 28.3%,其次为林地,占总面积的 16.8%,旱地占 16.2%,草地占 14.8%,水面占 12.3%,湖滩、草洲占 6.8%,沙地占 2.5%,城市居民用地占 2.3%。目前鄱阳湖区土地利用现状以农、林用地为主,占湖区总面积的 61.3%;水面占 12.3%,草地、湖滩、草洲占总面积的 21.6%,它们是湖区发展航运、牧业、渔业和其他产业的有利基地;沙地占 2.5%,并且湖区河道沙地占有一定的比例。

边缘山地:遍布于江西省境周围。崇山峻岭多呈东北—西南或北北东—南南西走向背斜成山,向斜为谷,岭谷相间,脉络清晰。主要山脉有蜿蜒境东北的怀玉山,呈东北—西南走向,海拔 1000 m 左右;沿闽赣边界伸展的武夷山呈东北—西南走向,绵延 500 km,是一个巨大的褶褶山体,海拔多在 1000～1500 m,最高峰黄冈山 2158 m,是江西省第一高山。山脉间有一些横切山地,形成峡谷或隘口;盘亘于赣粤边界的大庾岭和九连山,山脉走向凌乱;耸峙于湘赣边界的罗霄山脉呈北北东—南南西走向,海拔多在 1000 m,驰名中外的井冈山就位于罗霄山脉中段,外环高山,险峻陡峭,中多盆地。斜迤赣西北的幕阜山和九岭山呈东北—西南走向。幕阜山东延余脉庐山,襟江带湖,平地拔起。

3.1.3 气候特征

江西省受地理、地形和东亚季风共同影响,形成了亚热带湿润季风气候。显著特点是:气候温和,雨量充沛,阳光充足,四季分明(丁一汇,2013)。根据鄱阳湖区 13 县(市)气象台站长期气象资料统计,全区年平均气温 16.5～17.8 ℃,最冷月 1 月的平均气温 4.2～5.3 ℃,极端最低气温—8.2～11.9 ℃,极端最高气温 39.5～40.9 ℃;无霜期 246～275 d。年日照时数 2008.0～2104.9 h。年降水量 1368.7～1633.8 mm,4—6 月降水量 700～770 mm,占全年降水量的 47％～51％。

夏季受西太平洋副热带高压控制和影响,盛行偏南风。夏季由于对流发展旺盛,常出现局地强对流天气,产生雷雨大风天气,此外,夏季偶尔受到台风影响,产生大风天气。1949—2005 年 57 a 间,进入鄱阳湖区的"直接影响的热带气旋"共有 67 个,平均每年 1.18 个,每年影响个数差别很大,最多一年出现 5 个,有些年份则没有影响鄱阳湖区的热带气旋出现。热带气旋进入江西省后,绝大多数减弱为热带风暴或热带低压,低层中心附近最大平均风速在 10.8～17.1 m/s。

冬季受西伯利亚和蒙古冷高压控制和影响,冷空气影响频繁带来偏北大风天气。根据江西省目前共有气象站 1960—1999 年气象资料统计,40 a 中一般冷空气过程共出现 337 次,平均每年 8.4 次;强冷空气过程共出现 136 次,平均每年 3.4 次;寒潮出现 67 次,平均每年 1.7 次。

春秋两季为过渡季节,由于受到气旋波、倒槽等天气系统影响,出现大风降雨过程,多为偏北风。

3.1.4 江西省风能资源的成因

我国风能资源丰富及较丰富的地区主要分布在"三北"及沿海一带,这主要是形成大风的天气系统决定的。而江西省风能资源的形成受气候、地形、地貌三者共同影响,除冷空气活动、热带气旋活动、局地环流造成大风天气外,局地地形的"狭管作用"以及地形抬升作用使得风速增大。

3.1.4.1 鄱阳湖区风能资源的形成

鄱阳湖区是受地形影响形成的沿湖岸孤岛式分布的风能资源丰富区,该地区风能资源形成的原因如下。

(1)狭管效应:江西省整个地势南高北低,由四周向中心缓缓倾斜,形成一个向北开口、以鄱阳湖平原为底部的不对称的巨大盆地。鄱阳湖北部东西两侧均有山体屏障,西为幕阜山脉的庐山、云山、西山等标高在 800～1400 m 的高大山体,东为黄山山脉余脉的大浩山、牛角尖、珍珠山等标高在 600～860 m 的山体,中间是一个开口,即:鄱阳湖北部从湖口水道到永修县的吉山、松门山长约60 km的狭管湖道,最宽处约为12 km,最窄处仅3 km,两岸又有几十米到百余米高程的丘陵陡坡,形成一种特殊地形——狭管湖道。冬天冷空气入侵,偏北风从北狭管往南部吹,夏天盛行偏南风,从南大湖体往北狭管吹,气流入"狭管"后受到压缩,同时水面平滑,加速气流运动产生气候上的狭管效应。鄱阳湖北部从湖口到松门山一带为一狭长的狭管。狭管走向与主导风向一致,冬半年受冷空气影响,夏季受局地强对流天气及台风影响风能资源较为丰富。

(2)湖体效应:气流由陆地吹向平滑水体后,粗糙度减小,相应下垫面对气流的摩擦力降低,气流加速运动使风速增大。鄱阳湖南部区域风力资源的形成主要是大湖体水面开阔,湖面摩擦力小的缘故。

(3)鄱阳湖平原由于受水体影响,气温和平均水汽压较低,同时低地势导致气压较高,因此空气密度较大。

3.1.4.2 山地风能资源的形成

山地风力分布大小与地形、海拔高度有关,由于山体较高,暴露在高空风中,受山脉走向大地形影响,风力较大。

3.2 风能资源特征

3.2.1 风速

3.2.1.1 平均风速特征

由表3.1可知:鄱阳湖区年平均风速随高度上升而增大,这是由于越到高层受地表粗糙度影响越小,因此在中性大气层结下的贴地面层,越到高层风速越大。最大风速测点位于湖滩的吉山风场,10~70 m风速在5.0~6.2 m/s,其他测点风速较小,10~70 m风速在2.6~5.4 m/s。其中灰山测风塔由于铁塔施工的原因,位于一个凹地,有一个相对高度约30 m的山包位于主导风的上风向,而且距离非常近,使得30 m以下的观测数据明显偏小,且明显受绕流及山体尾流影响。赣南山地10~70 m高度年平均风速为7.5~7.8 m/s,风随高度略有增大。这是由于山地海拔高度较高(>1000 m),气流受地形作用使得山顶风速增大,但由于山体本身海拔较高,接近自由大气,测风塔本身高度变化相对于山体高度而言变化幅度较小,因此,风随高度变化不明显。

江西省鄱阳湖区和山地10~70 m最大、极大风速均不超过30 m/s,总体来说,赣南山地最大风速比鄱阳湖区略微偏大。现代风机的抗风能力都在50 m/s以上,与沿海地区相比,江西省破坏性风速相对较少。

鄱阳湖区雷雨大风天气大多是由于强冷空气及强对流天气的影响而产生的,鄱阳湖区各风场最大风速出现的时间多集中在冬季。2009年8月29日,受副热带高压南缘东风扰动影响,江西省出现较明显的雷阵雨天气,狮子山测风塔出现年最大风速,其值为16.3~19.9

m/s。2009 年 11 月 2 日，受到北方强冷空气和西南暖湿气流共同影响，鄱阳湖区出现了明显的冷空气过程，矶山测风塔出现年最大风速，其值为 17.9～19.4 m/s；同一时间，灰山测风塔出现年最大风速，值为 14.3～19.8 m/s；2010 年 2 月 11 日，受西南暖湿气流影响，鄱阳湖区遭遇雷雨大风、冰雹等强对流天气，吉山测风塔出现年最大风速，其值为 20.1～23.7 m/s。赣南山地雷雨大风天气大多是由于强冷空气、强对流天气和台风产生的，2010 年 6 月 14—25 日江西省出现连续 12 d 的暴雨过程，过程雨量最集中的时段主要在 17—20 日，2010 年 2 月 24 日，屏坑山风场出现年最大风速，值为 26.4～27.6 m/s。

表 3.1　各区观测年度风能参数表

区名称 测风塔名称	测风 高度/m	3～25 m/s 时 数百分率/%	平均风速/ (m/s)	最大风速/ (m/s)	极大风速/ (m/s)	平均风功率 密度/ (W/m²)	有效风功率 密度/ (W/m²)	风能密度/ (kW·h/m²)	平均风功率 密度等级
鄱阳湖区 狮子山测风塔	10	51	3.3	16.3	23.7	41.2	74.8	360.9	
	30	71	4.3	18.2	25.9	89.0	122.4	779.6	
	50	79	4.9	19.2	25.0	126.1	158.3	1104.6	1
	70	83	5.4	19.9	25.3	161.4	192.5	1413.9	
鄱阳湖区 矶山测风塔	10	72	4.1	17.9	24.9	68.8	92.5	602.7	
	30	80	4.7	17.9	26.1	99.9	123.8	875.1	
	50	79	5.0	18.3	26.8	133.6	166.4	1170.3	1
	70	80	5.3	19.4	27.7	163.9	203.6	1435.8	
鄱阳湖区 灰山测风塔	10	32	2.6	14.3	19.6	27.3	75.9	239.1	
	30	42	3.0	16.4	21.1	35.0	76.9	306.6	
	50	60	3.8	19.1	25.3	73.0	117.4	639.5	1
	70	74	4.8	19.5	25.7	143.0	191.1	1252.7	
	100	80	5.5	19.8	24.8	200.8	249.9	1759.0	
鄱阳湖区 吉山测风塔	10	67	5.0	20.1	24.7	195.9	289.1	1716.1	
	30	78	6.0	22.9	26.7	319.9	405.7	2802.3	
	50	78	6.1	23.3	26.8	331.9	423.7	2907.4	3
	70	78	6.2	23.7	27.9	357.8	458.2	3134.3	
赣南山地 屏坑山测风塔	10	86	7.5	26.4	34.6	436.6	509.2	3824.6	
	30	86	7.5	26.6	35.0	431.5	502.6	3779.9	
	50	86	7.6	26.4	34.7	453.5	526.2	3972.7	4
	70	86	7.8	27.6	36.3	481.0	556.9	4213.6	

3.2.1.2 风速年变化

由图3.1可知:鄱阳湖区各风场风速年变化基本一致,风速较大的月份集中在3月、11月、8月,春、秋、冬季较大,夏季相对较小。这是由于江西省冬半年冷空气活跃,风力强劲,出现风速的高峰期。一般而言,夏季多受副热带高压控制,天气稳定,风力较弱,出现风速的低谷期,而2009年8月出现较多的局地强对流、台风天气,使得鄱阳湖区该月风力较强,风速较大。狭管入口处(鄱阳湖北部)狮子山测点年月均变化值在4.5~6.6 m/s,狭管两侧灰山和矾山测点年月均变化值在4.0~6.4 m/s,位于湖滩的吉山测点年月均变化幅度较大,在5.0~7.6 m/s。

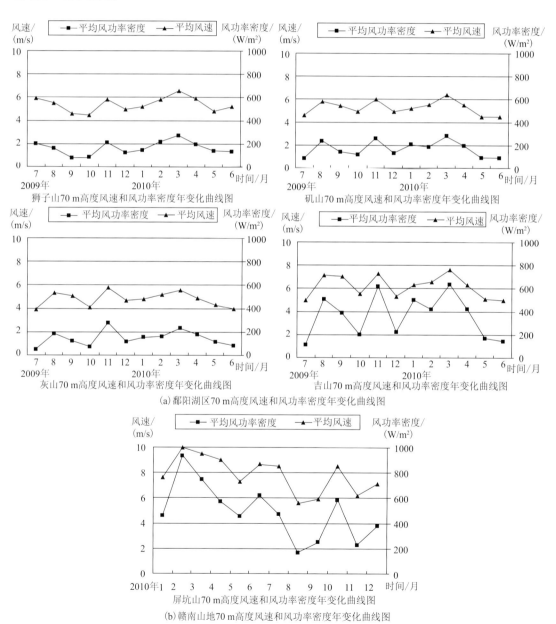

(a) 鄱阳湖区70 m高度风速和风功率密度年变化曲线图

(b) 赣南山地70 m高度风速和风功率密度年变化曲线图

图3.1　各代表风场70 m高度风速和风功率密度年变化曲线图

　　赣南山地屏坑山风场风速月均变化较大,在 5.6～10.0 m/s。风速冬春季大,夏秋季相对较小,风速较大的月份集中在 2 月、3 月、4 月,这是由于江西省冬半年冷空气活跃,风力强劲,出现风速的高峰期,6 月、7 月属于强对流高发时期,风速相对较大。

3.2.1.3　风速日变化

　　由图 3.2 可知:鄱阳湖区总体平均以正午前后风速最小,傍晚以后到凌晨风速较大,风速最小值出现在正午 11—12 时,风速最大值出现在 20 时—凌晨 01 时,最大风速与最小风速相差 0.3～0.7 m/s。鄱阳湖地区各风场风速日变化趋势存在一定差异。湖滩风速日变化呈现较明显 U 型分布,而狭管入口处、北部狭管大风区风速日变化相对不明显。

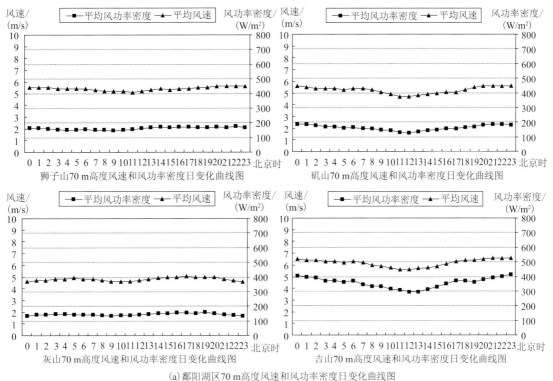

(a) 鄱阳湖区 70 m 高度风速和风功率密度日变化曲线图

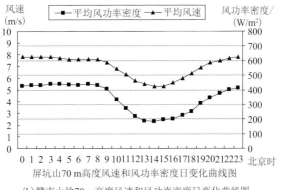

(b) 赣南山地 70 m 高度风速和风功率密度日变化曲线图

图 3.2　各区 70 m 风速和风功率密度日变化曲线图

山地风速日变化明显呈 U 型分布,以午后风速最小,凌晨至清晨风速较大,风速最小值出现在午后 14 时左右,风速最大值出现在凌晨 02—07 时,最大风速与最小风速相差约 2.5 m/s。

风的日变化是由昼夜间大气层结的变化引起的交换系数的日变化,由于白天的交换系数大于夜间,使得昼夜动量传输的快慢不同。白天交换系数大,上层动量更快地向下传输,使低层风速增大,而上层风速相应地减小;夜间则相反。白天湍流混合加强,使上下层之间风速包括风向的差异都变小;夜间大气层结多为中性和稳定类,各层风速随时间变化不大。在较低高度处,风速白天变大,夜间变小,较高处则相反。因此,70 m 日平均风速日变化相对较小,且呈峰谷峰分布,夜间风速较大,白天风速较小。

3.2.2 平均风功率密度

3.2.2.1 平均风功率密度特征

由表 3.1 可知:鄱阳湖区年平均风功率密度随高度上升而增大,与鄱阳湖区年平均风速随高度变化一致。最大风功率密度测点位于湖滩的吉山风场,10～70 m 风功率密度在 195.9～357.8 W/m² ,风功率密度达到国家标准《风电场风能资源评估方法》(GB/T 18710—2002)推荐的风功率密度等级表中的 3 级标准要求,风能资源较好。其他测点风功率密度较小,10～70 m 风功率密度在 27.3～163.9 W/m² ,仅达到 1 级标准。

赣南山地年平均风功率密度随高度略有增大,与年平均风速随高度变化基本一致。赣南山地 10～70 m 高度年平均风功率密度为 431.5～436.6 W/m² ,风功率密度达到 4 级标准。

3.2.2.2 风功率密度年变化

由图 3.1 可知,风功率密度年变化与风速年变化规律较为一致,鄱阳湖区各风场风功率密度年变化基本一致,风功率密度较大的月份集中在 3 月、11 月、8 月,春、秋、冬季较大,夏季相对较小。狭管入口处(鄱阳湖北部)狮子山测点年月均变化值在 80～270 W/m² ,狭管两侧灰山和矶山测点年月均变化值在 50～280 W/m² ,位于湖滩的吉山测点年月均变化幅度较大,在 110～640 W/m² 。

赣南山地屏坑山风场风功率密度冬、春季大,夏、秋季相对较小,风功率密度较大的月份集中在 2 月、3 月、4 月,这是由于江西省冬半年冷空气活跃,风力强劲,出现风功率密度的高峰期,6 月、7 月风功率密度相对较大。屏坑山测点各月变化差异较大,年月均变化值在 160～940 W/m² 。

3.2.2.3 风功率密度日变化

由图 3.2 可知,风功率密度日变化与风速日变化基本一致:鄱阳湖区总体平均以正午前后风功率密度最小,傍晚以后到凌晨风功率密度较大,风功率密度最小值出现在正午 11 时、12 时左右,风功率密度最大值出现在 20 时—次日 01 时,最大与最小风功率密度相差 25～110 W/m² 。鄱阳湖地区各风场风功率密度日变化趋势存在一定差异。湖滩风功率密度日变化呈现较明显 U 型分布,狭管入口处、北部狭管大风区风功率密度日变化不明显,基本稳定在 160 W/m² 左右。

山地风功率密度日变化明显呈 U 型分布,以午后风功率密度最小,凌晨至清晨风功率密度较大,风功率密度最小值出现在午后 15 时左右,风功率密度最大值出现在清晨 05—06 时,山地风功率密度日变化值在 310~600 W/m²。

3.2.3 各等级风速及其风能频率分布

表 3.2、图 3.3 显示,鄱阳湖区各测风塔 70 m 高度有效风速频率均在 74% 以上,频率较大的风速段集中在 2~8 m/s。风能频率的分布与风速频率的分布具有明显的差异:湖道入口处狮子山测点以及狭管两侧矶山、灰山测点风能频率较高的风速段集中在 6~12 m/s,而代表湖滩的吉山测点风能频率较高的风速段分布相对较均匀,集中在 8~19 m/s。

赣南山地风随高度变化较小,各层有效风速频率均为 86%,频率较大的风速段集中在 2~12 m/s,风能频率较高的风速段集中在 9~17 m/s。

表 3.2 各区测风塔观测年度各风速等级小时数

单位:h

项目 测风塔	测风高度/m	3~25/ (m/s)	4~25/ (m/s)	5~25/ (m/s)	6~25/ (m/s)	7~25/ (m/s)	8~25/ (m/s)	9~25/ (m/s)	10~25/ (m/s)	11~25/ (m/s)	12~25/ (m/s)	13~25/ (m/s)	14~25/ (m/s)	≥15/ (m/s)
鄱阳湖区 狮子山测风塔	10	4473	2617	1401	630	248	104	56	37	18	5	0	0	0
	30	6216	4417	2972	1911	1105	585	244	110	50	23	8	0	0
	50	6879	5312	3768	2546	1708	1026	565	258	125	55	28	9	0
	70	7274	6051	4570	3282	2214	1411	794	429	215	104	45	26	11
鄱阳湖区 矶山测风塔	10	6325	4317	2361	1223	628	297	139	59	26	14	6	0	0
	30	6958	5343	3601	1995	1066	574	319	153	74	30	16	3	0
	50	6951	5570	4084	2639	1595	959	565	362	200	101	53	30	11
	70	6989	5701	4367	3034	1971	1271	773	494	338	207	112	69	37
鄱阳湖区 灰山测风塔	10	2821	1549	883	466	201	69	24	9	7	4	0	0	0
	30	3638	2080	1081	531	242	119	54	22	12	8	7	3	0
	50	5250	3373	2057	1224	732	447	250	151	92	45	23	15	10
	70	6471	4921	3411	2387	1713	1170	785	495	301	141	82	40	24
	100	6982	5795	4360	3140	2288	1675	1177	806	537	336	165	96	52
鄱阳湖区 吉山测风塔	10	5861	4417	3379	2573	1961	1530	1141	841	586	429	270	170	100
	30	6863	5529	4335	3343	2674	2121	1718	1379	1052	788	573	430	286
	50	6818	5581	4452	3560	2826	2258	1796	1430	1065	793	581	435	310
	70	6802	5616	4542	3654	2940	2354	1878	1486	1190	878	646	481	357

续表

项目 测风塔	测风 高度 /m	3~25/ (m/s)	4~25/ (m/s)	5~25/ (m/s)	6~25/ (m/s)	7~25/ (m/s)	8~25/ (m/s)	9~25/ (m/s)	10~25/ (m/s)	11~25/ (m/s)	12~25/ (m/s)	13~25/ (m/s)	14~25/ (m/s)	≥15/ (m/s)
赣南山地 屏坑山测风塔	10	7491	6790	5899	5131	4405	3734	3107	2448	1895	1410	999	662	403
	30	7501	6790	5985	5212	4501	3771	3122	2453	1868	1381	998	676	376
	50	7530	6838	6064	5297	4515	3880	3232	2593	2003	1519	1045	707	426
	70	7547	6871	6126	5371	4673	4031	3402	2710	2108	1603	1153	792	503

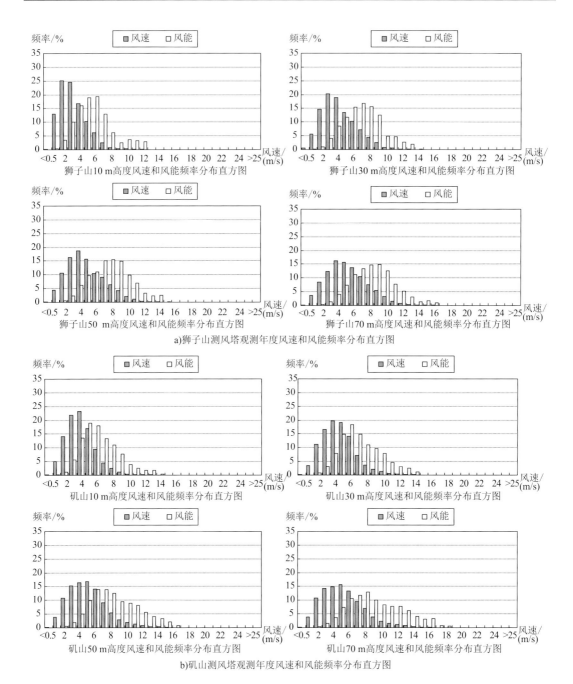

a)狮子山测风塔观测年度风速和风能频率分布直方图

b)矾山测风塔观测年度风速和风能频率分布直方图

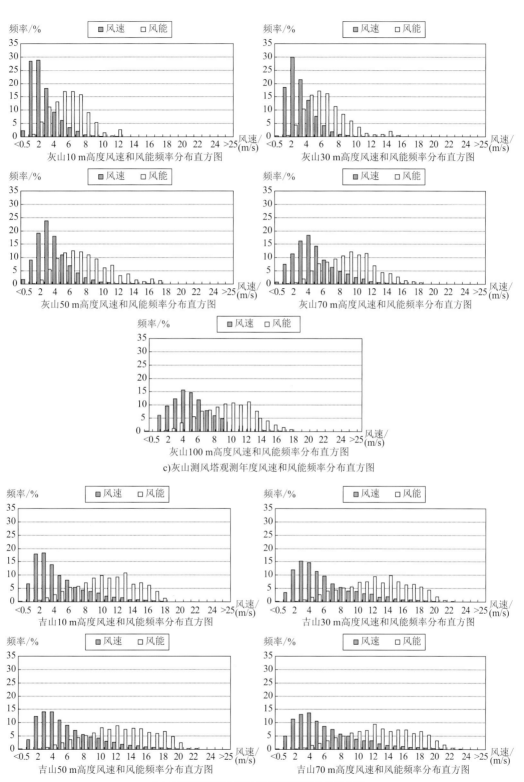

c)灰山测风塔观测年度风速和风能频率分布直方图

d)吉山测风塔观测年度风速和风能频率分布直方图

(a)鄱阳湖区

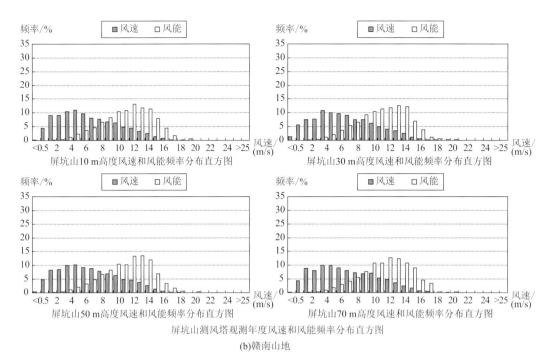

屏坑山测风塔观测年度风速和风能频率分布直方图

(b)赣南山地

图 3.3　各区观测年度风速和风能频率分布直方图

3.2.4　风向和风能密度分布

3.2.4.1　总体特征

（1）鄱阳湖区风向和风能密度分布

江西省冬季常受西伯利亚（或蒙古）冷高压影响，盛行偏北风，夏季多为副热带高压的控制，盛行偏南风。受气候和地形的影响，鄱阳湖区风场各高度层总体年均以北风为主导风向，低层由于受地形影响较大，与高层风向分布略有差异。鄱阳湖区风能方向以偏北方向为主，风能方向一致性很好，与风向频率吻合较好。70 m 高度层年总体偏北风出现频率达50%以上，年总体偏北方向风能频率高达 70%以上。由此可见，风场风向及风能一致性良好，有利于风机稳定运行。

由于鄱阳湖区各测点的代表性差异，各测点主导风向也有较明显的差异（表 3.3、图 3.4）。

狮子山测点位于狭管入口西侧，该地区主导风向为东北风，由于狮子山位于狭管的入口处，冬季偏北大风加速效应不强，但夏季偏南风从南部经过狭管加速作用使该风场偏南风出现频率较高，该地区风向主要集中在 N—ENE 扇区和 SSE—SSW 扇区，风向频率分别达到44.7%～51.9%及 28.6%～29.4%，风能频率分别达到 32.4%～42.8%及 32.7%～43.1%。

矶山测点位于狭管南部出口东侧，其南部是鄱阳湖主要水体，呈西北向。冬季偏北大风经狭管加速产生偏北大风，该地区风向主要集中在 NW—N 扇区，频率达到 50%以上，该方向风能频率高达 70%以上。

灰山测点位于狭长湖道的东侧，整个狭长湖道呈东北向分布，冬季偏北大风加速通过湖道，该测点风向主要集中在 NNW—NNE 扇区，频率达到 55%以上，其中 N 方向风速频率最高,该方向风能频率高达 70% 以上。该测点附近有一个相对高度约 30 m 的山包位于主导风的上风向,而且距离非常近,明显受绕流及山体尾流影响,因此该铁塔 30 m 以下的风向明显异于其他高度。10 m 高度年盛行东北偏东风和西南风,高层年盛行偏北风和偏南风。

表 3.3 各区测风塔观测年度各高度各风向频率

%

项目 测风塔	测风高度 /m	N	NNE	NE	ENE	E	ESE	SE	SSE	S	SSW	SW	WSW	W	WNW	NW	NNW
鄱阳湖区狮子山测风塔	10	8.5	10.4	17.4	9.6	3.8	1.4	2.1	11.2	11.6	4.1	0.7	0.5	0.7	6.1	6.7	5.2
	50	6.0	14.3	23.2	9.5	2.4	1.2	1.1	5.5	16.7	5.5	0.7	0.2	0.6	5.9	4.3	2.6
	70	6.8	17.8	22.2	6.9	1.7	1.0	1.4	7.4	18.1	2.2	0.3	0.3	0.8	7.1	3.4	2.5
鄱阳湖区矶山测风塔	10	13.5	1.5	1.2	1.3	8.5	14.7	5.9	2.9	1.4	1.7	1.2	0.7	2.1	3.2	15.1	24.9
	50	5.2	1.4	1.8	2.7	10.4	10.3	6.7	3.8	2.4	1.1	0.8	1.1	1.6	2.3	21.5	26.9
	70	8.6	2.1	1.6	2.1	6.5	12.1	7.7	4.9	3.0	1.8	0.7	0.9	1.4	1.9	8.7	35.9
鄱阳湖区灰山测风塔	10	0.6	0.8	6.4	20.2	8.9	4.4	4.8	8.7	12.3	10.2	11.4	3.7	1.5	0.6	0.6	0.4
	50	25.7	12.5	3.4	1.0	0.7	1.3	3.1	7.7	8.8	6.9	2.5	1.3	1.1	2.9	3.6	17.5
	70	32.7	13.6	4.5	1.2	0.8	0.9	2.4	5.8	9.5	9.2	2.9	1.3	0.7	2.9	2.9	10.3
	100	23.9	24.0	6.9	1.6	0.9	0.3	1.3	3.6	9.4	12.2	3.6	1.1	0.7	0.7	0.7	7.1
鄱阳湖区吉山测风塔	10	19.4	32.2	4.6	1.7	3.2	3.0	6.4	6.9	6.8	3.3	2.2	1.2	1.1	1.6	2.5	3.7
	50	33.1	18.5	3.2	2.4	2.4	3.2	7.9	7.2	5.4	3.0	2.1	1.2	0.9	1.3	3.6	3.1
	70	26.9	24.2	3.5	2.4	2.3	4.2	7.9	7.4	6.3	3.3	2.1	1.2	1.0	2.0	2.2	2.6
赣南山地屏坑山测风塔	10	15.6	7.9	2.4	1.5	2.1	2.6	4.2	19.0	17.4	3.8	0.9	1.1	1.3	1.1	2.9	14.0
	50	12.3	5.6	4.8	2.7	2.4	3.2	4.1	13.8	25.4	7.8	3.1	0.9	0.8	1.3	3.6	8.2
	70	11.0	6.0	4.1	2.7	2.3	2.6	3.6	14.7	18.6	7.5	2.6	1.0	1.2	1.5	5.6	14.7

矶山测点位于狭管南部出口西侧,其南部是鄱阳湖主要水体,冬季偏北大风经狭管加速产生偏北大风,该地区风向主要集中在 N—NNE 扇区,频率达到 50% 以上,该方向风能频率高达 85% 以上。

(2)赣南山地风向和风能密度分布

受气候和地形的影响,赣南山地风场观测年度测风塔不同高度的风向主要集中在 NNW—NNE 及 SSW—SSE 扇区,风向频率分别达到 26.1%~37.5% 及 40.6%~47.0%,风能频率分别达到 30% 和 58% 以上。赣南山地风场风向及风能一致性良好,有利于风机稳定运行。该地区风向分布主要受气候影响,因此偏南风和偏北风均较密集(表 3.3、图 3.4)。

3.2.4.2 季节分布

总体来看:鄱阳湖区夏季各高度主导风及风能基本为偏南方向,8月开始,偏北风逐渐增多,各高度层基本以偏北风及偏南风为盛行风向,秋冬季,风向及风能基本转为偏北方向,春季,偏南风逐渐增多,主导风向及风能方向仍为偏北风。

赣南山地 1—8 月以偏南风和偏北风为主,偏南风出现频率略高于偏北风,9月,偏东风和偏西风出现的频率略有增高,但仍以偏南风和偏北风为主,10月,该测风风向基本转为偏北风,并且一直维持到11月,12月该测点风向开始转向偏南方向,偏南风和偏北风同时存在。

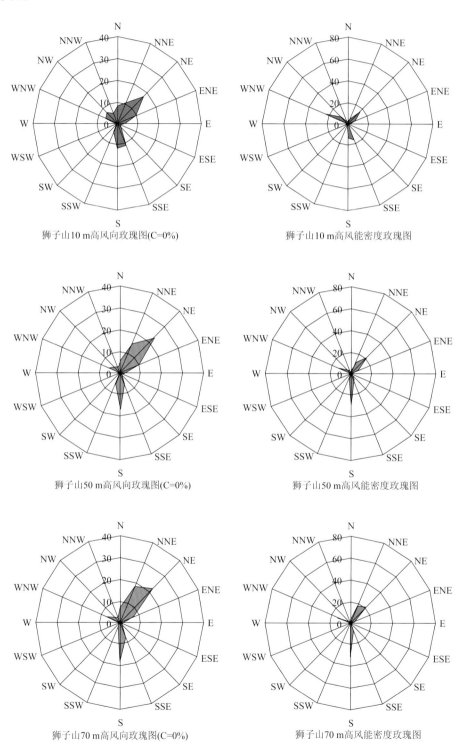

a)狮子山测风塔全年各高度风向及风能密度玫瑰图

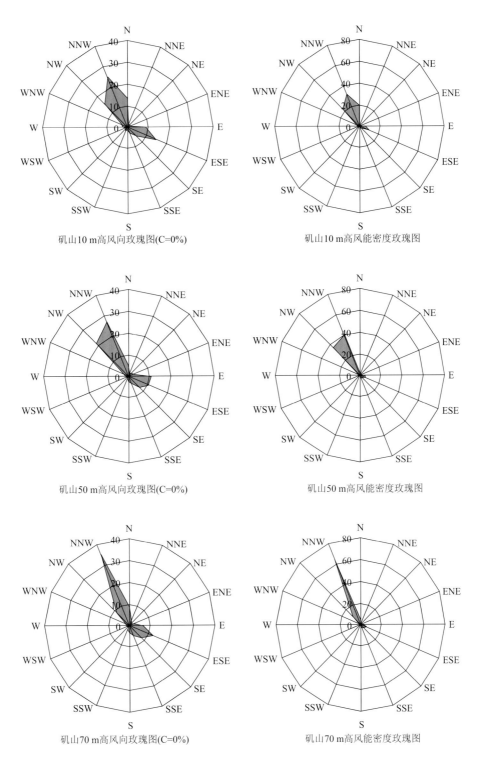

矶山10 m高风向玫瑰图(C=0%)　　矶山10 m高风能密度玫瑰图

矶山50 m高风向玫瑰图(C=0%)　　矶山50 m高风能密度玫瑰图

矶山70 m高风向玫瑰图(C=0%)　　矶山70 m高风能密度玫瑰图

b)矶山测风塔全年各高度风向及风能密度玫瑰图

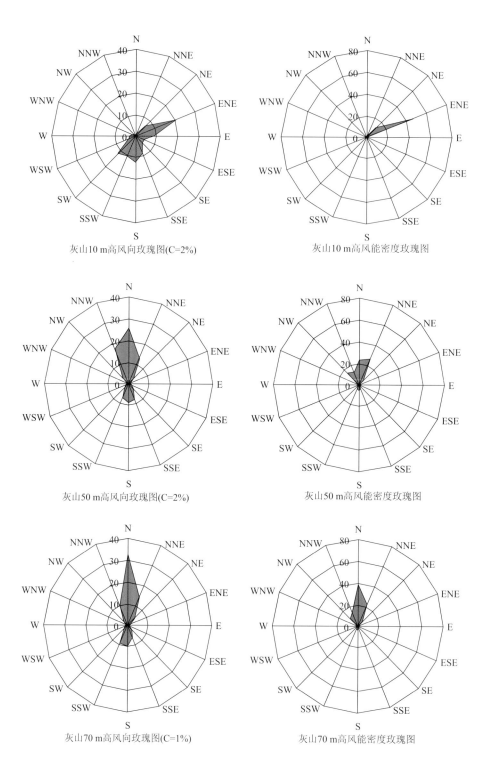

灰山10 m高风向玫瑰图(C=2%)

灰山10 m高风能密度玫瑰图

灰山50 m高风向玫瑰图(C=2%)

灰山50 m高风能密度玫瑰图

灰山70 m高风向玫瑰图(C=1%)

灰山70 m高风能密度玫瑰图

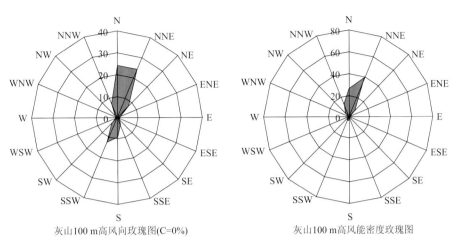

灰山100 m高风向玫瑰图(C=0%)　　　　　灰山100 m高风能密度玫瑰图

c)灰山测风塔全年各高度风向及风能密度玫瑰图

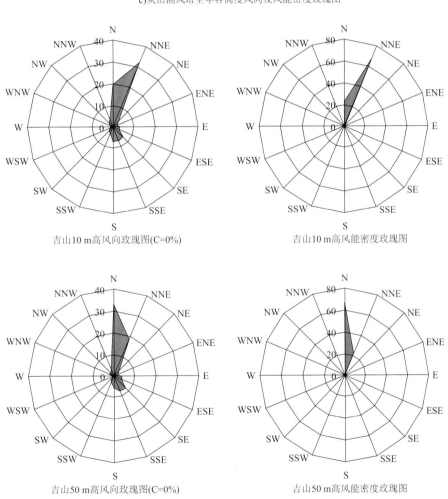

吉山10 m高风向玫瑰图(C=0%)　　　　　吉山10 m高风能密度玫瑰图

吉山50 m高风向玫瑰图(C=0%)　　　　　吉山50 m高风能密度玫瑰图

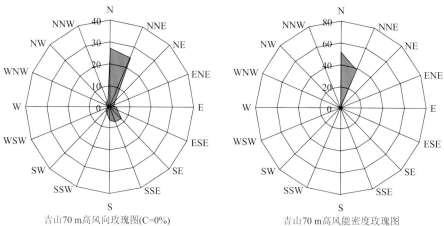

吉山70 m高风向玫瑰图(C=0%)

吉山70 m高风能密度玫瑰图

d)吉山测风塔全年各高度风向及风能密度玫瑰图
(a)鄱阳湖区

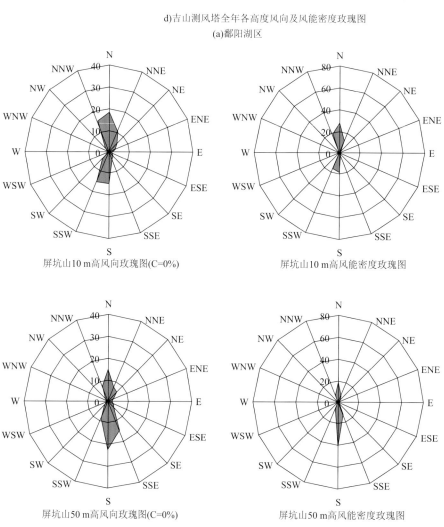

屏坑山10 m高风向玫瑰图(C=0%)

屏坑山10 m高风能密度玫瑰图

屏坑山50 m高风向玫瑰图(C=0%)

屏坑山50 m高风能密度玫瑰图

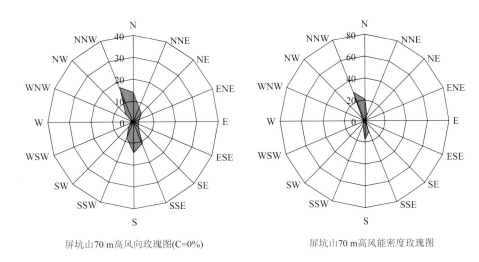

屏坑山70 m高风向玫瑰图(C=0%)　　　　屏坑山70 m高风能密度玫瑰图

屏坑山测风塔全年各高度风向及风能密度玫瑰图
(b)赣南山地

图 3.4　各区测风塔全年各高度风向及风能密度玫瑰图(单位：%)
(C 代表静风频率)

3.2.5　风速垂直切变

根据各区风场代表测风塔 10 m、30 m、50 m、70 m 高度层日平均风速资料的拟合分析，得出鄱阳湖区风速随高度上升而增大，鄱阳湖区各测风塔的风切变指数较大，为 0.116～0.330；赣南山地受地形抬升作用，风切变指数很小，为 0.017(表 3.4)。

从拟合效果图(图 3.5)可以看出，鄱阳湖区狮子山测风塔和矶山测风塔以及赣南山地屏坑山测风塔风随高度变化比较符合幂指数分布。经过计算得出，狮子山测风塔风切变指数为 0.253，明显高于矶山测风塔的风切变指数 0.122。这是因为：近地层风速的垂直分布受地表粗糙度影响较大，在不同地面情况下，风切变指数有明显差异。经研究表明，地表粗糙度越高，风切变指数相对越大。狮子山测风塔位于庐山区新港乡戴家湾，由连绵不断的几个山头组成。矶山测风塔由大矶山和射山两个伸入湖中的半岛组成，靠近水面。就地表粗糙度而言，狮子山测风塔明显高于矶山测风塔。

由图 3.5 可知，灰山测风塔和吉山测风塔风随高度的变化并不完全符合幂指数分布。这是因为：灰山测风塔地形特殊，它位于凹地处，四周环绕山丘，且有一个相对高度约 30 m 的山包位于主导风的上风向，距离非常近，因此，该测风塔 30 m 以下的观测数据明显偏小，且该测风塔明显受绕流及山体尾流影响，该测风塔风切变指数较大为 0.330。吉山测风塔地处一个地形与主导风基本垂直的小岛上面，小岛地面基本为沙丘，四周水面居多，空气在水面摩擦系数小，经过吉山测风塔所在沙丘时形成一个绕流，30 m 以下风速随高度的增加而迅速增大，30 m 以上风速随高度变化不大。

表 3.4　各区测风塔观测年度风切变指数

测风塔		风切变指数 α
鄱阳湖区	狮子山测风塔	0.253
	矶山测风塔	0.122
	灰山测风塔	0.330
	吉山测风塔	0.116
赣南山地	屏坑山测风塔	0.017

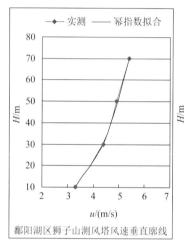

鄱阳湖区狮子山测风塔风速垂直廓线

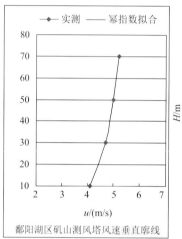

鄱阳湖区矶山测风塔风速垂直廓线

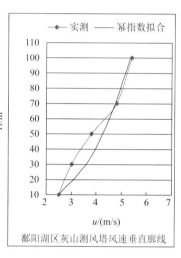

鄱阳湖区灰山测风塔风速垂直廓线

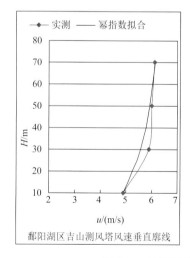

鄱阳湖区吉山测风塔风速垂直廓线

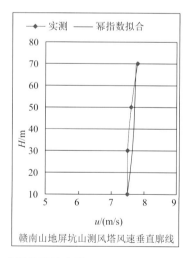

赣南山地屏坑山测风塔风速垂直廓线

图 3.5　各区观测年度平均风速廓线

3.2.6 湍流强度

湍流强度表示瞬时风速偏离平均风速的程度,是评价气流稳定程度的指标。湍流强度与地理位置、地形、地表粗糙度和天气系统类型等因素有关,其计算公式为:

$$I = \frac{\sigma_v}{V} \tag{3.1}$$

式中,V 为 10 min 平均风速(单位:m/s),σ_v 为 10 min 内瞬时风速相对平均风速的标准差。

表 3.5 为各区测风塔各高度全风速段和风速 15 m/s(14.6~15.5 m/s)的大气湍流强度。图 3.6 和图 3.7 为各测风塔各高度全风速段大气湍流强度年变化和日变化曲线。

表 3.5 各区测风塔各高度全风速段和风速 15 m/s 的大气湍流强度

测风塔	测风高度/m	年平均大气湍流强度	15 m/s 大气湍流强度
鄱阳湖区 狮子山测风塔	10	0.34	/
	30	0.30	0.15
	50	0.22	0.11
	70	0.20	0.09
鄱阳湖区 矶山测风塔	10	0.27	0.16
	30	0.24	0.17
	50	0.22	0.19
	70	0.20	0.16
鄱阳湖区 灰山测风塔	10	0.43	/
	30	0.38	0.15
	50	0.35	0.11
	70	0.25	0.12
	100	0.18	0.09
鄱阳湖区 吉山测风塔	10	0.22	0.12
	30	0.16	0.07
	50	0.16	0.07
	70	0.15	0.06
赣南山地 屏坑山测风塔	10	0.20	0.10
	30	0.19	0.10
	50	0.18	0.09
	70	0.17	0.08

3.2.6.1　大气湍流强度的一般特征

由表3.5可看出:总体来讲,鄱阳湖区大气湍流为0.15～0.34,15 m/s风速段大气湍流强度明显小于全风速段湍流强度,为0.06～0.19。鄱阳湖区大气湍流随高度增加明显减小,这是因为湍流强度主要受地面粗糙度影响,因此风场各高度层湍流强度随高度升高逐渐减小。

矶山和吉山靠近水面,地表粗糙度较小,受下垫面影响更弱,因此该地区湍流强度较小,湍流强度随高度变化不明显;灰山湍流强度明显高于其他风场,气流稳定度较差,这是因为该风场测风塔位于凹地处,四周为小山包,该塔所处的地形相较于其他塔更为复杂;狮子山风场地形相对较复杂,受地表影响较大,湍流强度也较大。

总体来讲,赣南山地大气湍流较小,为0.17～0.20,15 m/s风速段大气湍流强度明显小于全风速段湍流强度,为0.08～0.10。赣南山地大气湍流随高度变化不明显,这主要是由于受地形抬升作用,空气流向较一致。

3.2.6.2　大气湍流强度年变化

受地形影响,鄱阳湖区各风场湍流年变化差异较大(图3.6)。

狮子山风场10 m、30 m湍流强度各月变化较大:8月、9月、10月湍流强度较大,达到0.35以上,其他月份湍流强度较小,主要集中在0.25～0.27;50 m、70 m湍流强度月变化较小,50 m湍流强度主要集中在0.2～0.24,70 m湍流强度主要集中在0.18～0.22。总的来说,狮子山测风塔各高度层湍流强度8月、9月、10月较大。

矶山风场各高度各月变化比较一致,8月、9月和2月、3月湍流强度比其他月份略微偏大一些。总体来说,矶山风场湍流强度变化较小,70～10 m高度湍流强度维持在0.2～0.25。

灰山风场各高度湍流强度各月变化差异很大;30 m、50 m高度,6—10月湍流强度逐渐增加到10月达到高值,而后减少;70 m高度,6—9月湍流强度逐渐减少至10月达到最低值,而后增加;100 m高度湍流强度各月变化极小。

吉山风场湍流强度各高度年变化比较一致,6—9月,湍流强度逐渐减小,9月达到最小,而后湍流强度增大,10月达到较高值,11月到次年5月,湍流强度基本稳定。

由以上分析可知,鄱阳湖区各个测风塔湍流强度年变化差异很大,局地地形能显著影响该地区的湍流强度变化。

赣南山地风场各高度各月变化较大:8月、9月湍流强度较大,达到0.2～0.24,其他月份湍流强度较小,主要集中在0.15～0.19。

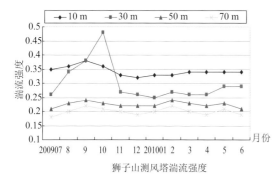

狮子山测风塔湍流强度

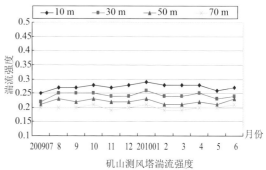

矶山测风塔湍流强度

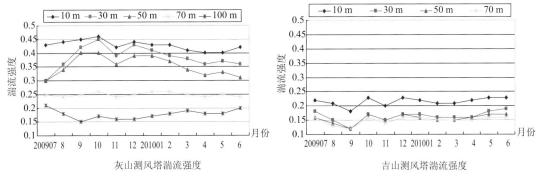

(a)鄱阳湖区各测风塔湍流强度年变化曲线

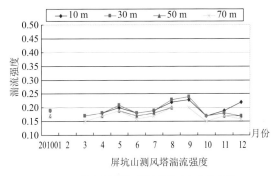

(b)赣南山地测风塔湍流强度年变化曲线

图 3.6　各代表测风塔湍流强度年变化曲线

3.2.6.3　大气湍流强度日变化

　　鄱阳湖区和赣南山地大气湍流日变化均呈单峰型变化,夜晚和凌晨湍流强度较小,正午前后湍流强度较大(图 3.7)。这是因为,湍流产生的原因主要有两个,一个是当气流流动时,气流会受到地面粗糙度的摩擦或者阻滞作用,另一个原因是由于空气密度差异和大气温度差异引起的气流垂直运动。在中午前后,太阳辐射最强,温度较高,地表感热潜热交换最旺盛,而在夜晚及凌晨,温度相对较低,热量交换较少,所以湍流强度较小。

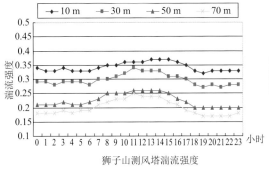

狮子山测风塔湍流强度

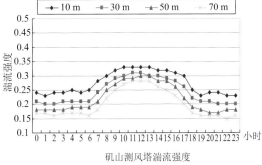

矶山测风塔湍流强度

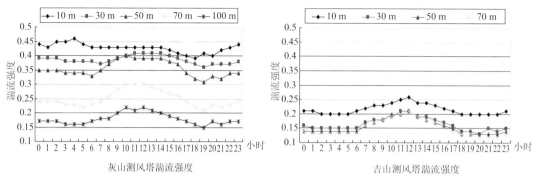

(a)鄱阳湖区各测风塔湍流强度日变化曲线

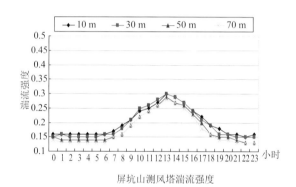

(b)赣南山地测风塔湍流强度日变化曲线

图 3.7　各代表测风塔湍流强度日变化曲线

灰山测风塔处于凹地处,其四周均高于该地,当气流流动时,低层气流会受到该地较明显的地面粗糙度的摩擦或者阻滞作用,该作用甚至超过热量对湍流强度的影响,从而导致该塔低层湍流强度变化与其他层明显不同。

3.2.6.4　风机选型

代表湖道入口处的狮子山风场 10～70 m 高度 15 m/s 风速段湍流强度为 0.09～0.15,其中 70 m 高度为 0.09;矶山风场 10～70 m 高度 15 m/s 风速段湍流强度为 0.16～0.19,其中 70 m 高度为 0.16;灰山风场 10～100 m 高度 15 m/s 风速段湍流强度为 0.09～0.15,其中 70 m 高度为 0.12;吉山风场湍流强度较小,10～70 m 高度 15 m/s 风速段湍流强度为0.06～0.12,其中 70 m 高度为 0.06。赣南山地湍流强度较小,10～70 m 高度 15 m/s 风速段湍流强度为 0.08～0.10,其中 70 m 高度为 0.08。

根据国际电工委员会发布的风力发电机标准 IEC 61400-1《Wind turbines-Part 1:Design requirements》中关于风机的分类,总体来说,除矶山风场外,鄱阳湖区 70 m 高度湍流强度为 C 级(低湍流强度),矶山风场 70 m 高度为湍流强度较大,为 A 级(高湍流强度)。山地湍流强度较小,属于 C 级(低湍流强度);通过计算 50 a 一遇最大风速可知(表 3.6),鄱阳湖区和山地 50 a 一遇风速均不超过 37.5 m/s,根据 IEC 61400-1 中关于风机的分类,鄱阳湖区和山地属于Ⅲ级。综上所述,鄱阳湖区机型以Ⅲ级 C 型风机为主,矶山风场选用Ⅲ级 A 型风机。山地选用Ⅲ级 C 型风机。

表 3.6　IEC 61400-1 第三版中对风力发电机组的分级

WTGS 等级	Ⅰ	Ⅱ	Ⅲ	S
$V_{ref}/(m/s)$	50	42.5	37.5	由 WTGS 制造商规定各参数
A I_{15}[－]		0.16		
B I_{15}[－]		0.14		
C I_{15}[－]		0.12		

3.2.7　风频曲线及 Weibull（威布尔）分布参数

风频曲线拟合采用威布尔分布,鄱阳湖区各风场 70 m 高度层尺度因子 A 值在 5.41～6.88,形状参数 K 值在 1.61～2.29。赣南山地风场 70 m 高度层尺度因子 A 值为 8.80,形状参数 K 值为 1.95。

总体来说,鄱阳湖区狮子山和矶山测风塔风速分布与 Weibull 拟合效果十分一致,灰山和吉山测风塔风速分布与 Weibull 拟合效果略有差异,拟合的最高风速段频率较实测值偏小,但总体就分布趋势来看,较符合 Weibull 分布。赣南山地屏坑山测风塔实测值在 2～11 m/s 间的各等级风速出现频率差异较小,没有出现 Weibull 分布中明显的单峰结构,因此赣南山地风速分布 Weibull 拟合效果有所偏差(表 3.7、图 3.8)。

表 3.7　各区测风塔 70 m 高度风速 Weibull 分布参数

测风塔		尺度参数 A/(m/s)	形状参数 K
鄱阳湖区	狮子山测风塔	6.10	2.29
	矶山测风塔	5.95	2.10
	灰山测风塔	5.41	1.85
	吉山测风塔	6.88	1.61
赣南山地	屏坑山测风塔	8.80	1.95

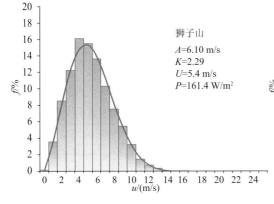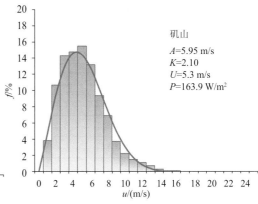

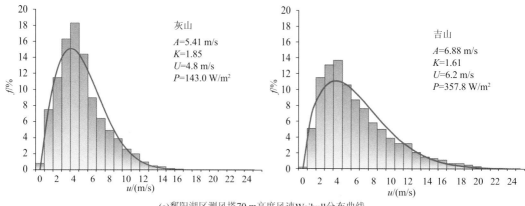

(a)鄱阳湖区测风塔70 m高度风速Weibull分布曲线

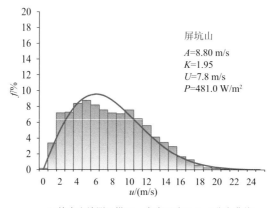

(b)赣南山地测风塔70 m高度风速Weibull分布曲线

图 3.8　各区测风塔 70 m 高度风速 Weibull 分布曲线

3.2.8　风资源长期平均状况

由于现场测风塔观测时间一般比较短,难以代表当地长年平均风况特征,为了满足运行期长达 20 a 的风电场风能资源评估需要,规范要求利用拟建风电场周边地区的国家气象站(在此称为参证站)的长期观测数据,结合现场测风塔短期观测资料对拟建风电场区域的风能资源进行长年代评估。

如表 3.8、图 3.9、图 3.10 所示,鄱阳湖区长期平均风功率密度随高度上升而增大。长期平均最大风功率密度测点位于湖滩的吉山风场,10～70 m 风功率密度在 190.0～347.1 W/m² ,风功率密度达到国家标准《风电场风能资源评估方法》(GB/T 18710—2002)推荐的风功率密度等级表中的 3 级标准要求,风能资源较好,可应用于风力发电。位于狭管入口处狮子山测风塔以及位于狭管两侧的灰山、矶山测风塔长期平均风功率密度较小,10～70 m 风功率密度在 26.5～159.0 W/m² ,风资源等级均为 1 级。

表 3.8　各区测风塔长年代平均风能参数估算结果

站名		项目			
		测风塔高度/m	年平均风速/(m/s)	年平均风功率密度/(W/m²)	风资源等级
鄱阳湖区	狮子山测风塔	10	3.3	40.0	1
		30	4.3	86.3	
		50	4.9	122.3	
		70	5.3	156.6	
	矶山测风塔	10	4.1	66.7	
		30	4.7	96.9	
		50	4.9	129.6	
		70	5.2	159.0	
	灰山测风塔	10	2.6	26.5	1
		30	3.0	34.0	
		50	3.8	70.8	
		70	4.8	138.7	
		100	5.4	194.8	
	吉山测风塔	10	4.9	190.0	3
		30	5.5	310.3	
		50	6.0	321.9	
		70	6.1	347.1	
赣南山地	屏坑山测风塔	10	7.4	420.9	4
		30	7.4	416.0	
		50	7.5	437.2	
		70	7.7	463.8	

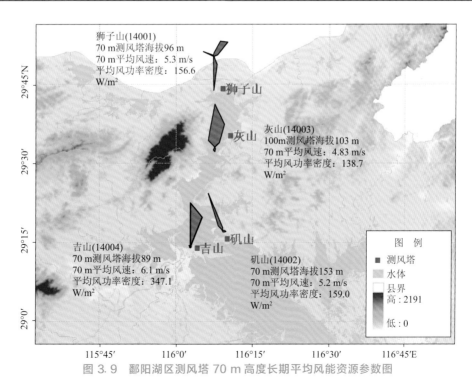

图 3.9　鄱阳湖区测风塔 70 m 高度长期平均风能资源参数图

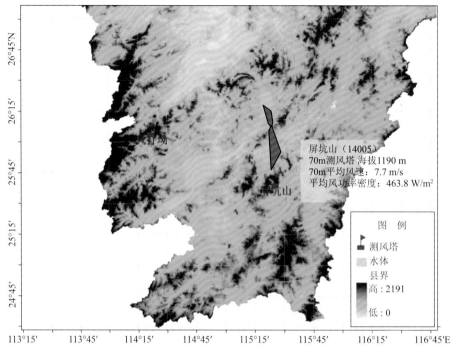

屏坑山（14005）
70m测风塔 海拔1190 m
70m平均风速： 7.7 m/s
平均风功率密度： 463.8 W/m²

图 例
测风塔
水体
县界
高：2191
低：0

图 3.10　赣南山地测风塔 70 m 高度长期平均风能资源参数图

赣南山地 10～70 m 高度长期平均风功率密度为 420.9～463.8 W/m²，风资源等级为 4 级，风能资源好，可应用于风力发电。

3.2.9　狭管对风力增强作用的效果分析

当气流由开阔地带流入地形构成的峡谷时，由于空气质量不能大量堆积，于是加速流过峡谷，风速增大。当流出峡谷时，空气流速又会减缓。这种地形峡谷对气流的影响，称为"狭管效应"。鄱阳湖北部从湖口到松门山一带为一狭长的狭管。狭管走向与主导风向一致，冬半年受冷空气影响，夏季受台风影响风能资源较为丰富。

为研究鄱阳湖狭管对风力增强作用的效果，收集了环鄱阳湖狭管外气象站、狭管外宽阔湖堤及狭管内测风站的实测资料。分析鄱阳湖狭管对风力加强的效果。狭管外气象站风速资料是指都昌及鄱阳气象站的逐小时资料。

狭管外宽阔湖面风速资料：鄱阳县小鸣咀及白沙洲的观测资料，此两处测风站虽位于湖滨路地上，但距丰水期水面距离不超过 40 m，观测结果可代表宽阔湖面的风力状况。

狭管内观测站风速资料：长岭 2 号点、张家塘、射山 3 个下垫面较为简单的观测站的资料等，其中长岭、射山代表峡谷内有地形抬高的风场，张家塘代表狭管内地势较低处的平坦地。

从表 3.9 可看出，气象站因距湖面较远，受粗糙的下垫面影响，风速较小；在宽阔的湖面，因地形开阔，水面粗糙度小，风力较大，风速高于 4.0 m/s，在狭管内由于狭管效应，狭管内地势较低的开阔地风速较开阔湖面约高 1.0 m/s，而狭管内高地上，由于受地形抬升及气流上坡受压缩而流速增大的影响,高地的风速比开阔平地风速大 1.0 m/s 左右(贺志明等,2011)。

表 3.9 鄱阳湖区各代表点 10 m 处年平均风速

气象站	观测点	都昌		鄱阳
	年平均风速/(m/s)	3.0		2.1
宽阔湖面	观测点	小鸣咀		白沙洲
	年平均风速/(m/s)	4.2		4.1
狭管内	观测点	张家塘	射山	长岭2号点
	年平均风速/(m/s)	5.1	6.2	6.1

3.2.10 小结

3.2.10.1 江西省风能资源分布

受地形和气候的共同影响,江西省风能资源主要集中在海拔较高的山地和鄱阳湖湖体周围,年平均风速超过 5.5 m/s;而远离鄱阳湖的湖道、地势低洼的区域,年平均风速一般在 2.5~4.0 m/s,风能资源较少。赣北鄱阳湖地区为全省风能资源最密集的区域,风能资源较为丰富的山地遍布于全省各地。

鄱阳湖区 鄱阳湖湖体周围 70 m 高度处,年平均风速为 5.0~6.0 m/s,风功率密度为 200~300 W/m²。鄱阳湖北部从狮子山到沙岭的水道两侧,一直延伸到鄱阳县的莲湖附近,存在一个连续的大风区域,其分布和水面有相似性。鄱阳湖区风能资源丰富的区域主要是鄱阳湖北部从湖口到永修的松门山、吉山约 60 km 长的两侧湖道和浅滩,以及湖中一些岛屿,其风功率密度为 200~400 W/m²,年平均风速为 5.0~7.0 m/s,年平均有效时数为 5000~7000 h。鄱阳湖北部狭长湖道的南部部分浅滩及屏峰、老爷庙、沙岭、松门山至吉山、长岭、矶山湖等地的鄱阳湖北部湖道部分区域,风能资源等级达 2~3 级。白沙洲、小鸣咀、青岚湖、军山湖等地的鄱阳湖南部湖体部分区域风能资源等级为 2 级。鄱阳湖狭管入口处的狮子山地区风能资源等级为 1~2 级。

根据地理位置、地形、地貌和已经掌握的风力资源情况,鄱阳湖区风能开发最佳区域可分为七个风场,即:皂湖风场、老爷庙风场、长岭风场、青山风场、沙岭风场、大岭风场、松门山—吉山风场(陈双溪 等,2006)。

高山山地 高山山地地势高,接近于自由大气,风能资源丰富。庐山山地、玉山、零山山脉、罗霄山脉等海拔较高的山地地区 70 m 高度处年平均风速超过 5.5 m/s,风功率密度大于 350 W/m²,但高山山体存在很强的风速梯度,沿山体到平地和湖面风速迅速减小。赣南山地风功率密度为 200~500 W/m²,年平均风速为 5.3~7.8 m/s,年平均有效时数占全年时数的 85% 以上。其中,上犹风打坳风场 50 m 高度风速为 6.1 m/s,风功率密度为 230 W/m²,达到 2 级标准;于都屏坑山风场 70 m 高度风速为 7.8 m/s,风功率密度为 481.0 W/m²,达到 4 级标准。根据实地调研、气候调查及短期测风资料,并结合地形、地貌进行整体分析和评估后,初步规划江西主要山地风场 17 座,即:大德山风场,装机容量 13.1 万 kW;幕阜山风场,装机容量 10.5 万 kW;九岭山风场,装机容量 18 万 kW;泥阳山风场,装机容量 11.25 万 kW;玉华山风场,装机容量 4.7 万 kW;武功山风场,装机容量 11.8 万 kW;麻姑山风场,装机容量 13.1 万 kW;十八排风场,装机容量 4.2 万 kW;陈山风场,装机容量 11.7 万 kW;高龙山风场,装机容量 5.5 万 kW;鱼牙嶂风场,装机容量 8.7 万 kW;万洋山风场,装机容量 9.4 万 kW;灵华山风场,装机容量 6.8 万 kW;水槎风场,装机容量 14 万 kW;双溪风场,装机容量 5.5 万 kW;屏山风场,装机容量 2.4 万 kW;九龙山风场,装机容量 7 万 kW。

3.2.10.2 江西省风能资源变化

鄱阳湖区和赣南山地春、冬季风速和风功率密度较大,夏、秋季较小。省内春、冬季冷空气活跃,寒潮天气频繁发生,风力强劲,是一年中风速的高峰期。夏、秋季多受副热带高压控制,天气稳定,风力较弱。

鄱阳湖区正午前后风速最小,傍晚以后到凌晨风速较大,风速最小值出现在正午 11—12 时,风速最大值出现在 20 时至凌晨 01 时左右,最大风速与最小风速相差 0.3～0.7 m/s。鄱阳湖地区各风场风速日变化趋势存在一定差异,即:湖滩风速日变化呈现较明显 U 型分布,而狭管入口处、北部狭管大风区风速日变化相对不明显。风机轮毂高度处风能资源日变化与当地电网负荷不太一致。山地风速日变化明显呈 U 型分布,午后风速最小,凌晨至清晨风速较大,风速最小值出现在午后 14 时左右,风速最大值出现在凌晨 02 时至清晨 07 时左右,最大风速与最小风速相差约 2.5 m/s。风机轮毂高度处风能资源日变化与当地电网负荷不太一致。

3.3 50 a 一遇的最大风速分布

3.3.1 参证站资料取样说明

本节综合考虑日平均风速相关性、测风塔与气象站的距离与环境及近 20 a 来台站环境变化情况来选择合适的参证站。在日平均风速(或日最大风速)相关性接近的情况下,优先选择距离测风塔较近的气象站为参证站,再通过查询气象站的沿革信息,尽量选择位于郊区或乡村且气象站位置变化较小、仪器变更少的气象站为参证站。

遇台站仪器换装、测风场址变迁、测风高度变化等,根据历史沿革情况及相应历史平行观测记录对历年最大风速序列进行一致性订正,得出各区相应的参证站建站至今历年(10 min 平均)最大风速直方图(图 3.11),由图 3.11 可知以下结论。

(1)湖口气象站

建站以来湖口县气象站原始最大风速具有逐年减小的趋势,20 世纪 90 年代中期以前最大风速几乎稳定在 13～17 m/s,20 世纪 90 年代中期以后,最大风速主要集中在 10 m/s 左右。最大风速值最高的年份为 1988 年,最大风速达到 17 m/s,最低的年份为 2008 年,仅为 9 m/s。

据分析,湖口气象站,与历年相比2000年以来最大风速值偏小,这可能是由三方面的因素导致。从20世纪80年代后期至今,全球气候变暖,暖冬现象日益显著,东亚季风有所减弱,冬季风速也随之减弱;其次是由于社会经济的发展,城市化现象加剧和扩展,使得原本建立于郊区的气象台站逐步纳入城市的范畴。高密度的建筑及高密度的人口导致气象观测台站所在地下垫面复杂程度显著加深,风的阻力加大致使风速减小;再次,2005年以后,湖口站仪器有所变更且测风高度略有下降。

（2）上犹气象站

自建站以来,上犹气象站最大风速变化不明显,除个别年份最大风速值较大,达到12 m/s以上,其他年份最大风速值主要集中在8～10 m/s,近年来最大风速较小,稳定维持在9 m/s左右。

据分析,上犹气象站,近年来最大风速较小且稳定维持在9 m/s左右,可能是由于全球变暖和城市化共同导致的。

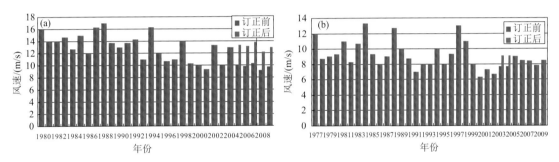

图3.11　各区参证站历年最大风速直方图

(a)湖口；(b)上犹

3.3.2　相关检验和最大风速序列延长订正

采用各区测风塔70 m高度的日最大风速与相应的参证站同期日最大风速进行相关检验。由于大风和小风状况的相关关系明显不同,而抗风计算主要关注大风,因而,在满足统计样本数量的前提下,筛选大风速样本,并进行相关检验和延长订正系数的计算。各区测风站与相应的参证站相关性检验参数见表3.10。

如表3.10所示,各区测风塔70 m高度日最大风速与相应参证气象站日最大风速相关较好,相关系数均通过信度0.01的显著性检验。

表3.10　各区测风塔70 m或50 m高度与相应参证站相关性检验参数

站名		项目				
		相关系数 R	样本个数 n	统计量 F	检验信度	延长订正系数
湖口	鄱阳湖区狮子山测风塔	0.835	40	87.506	0.01	1.482
	鄱阳湖区矶山测风塔	0.697	33	29.289	0.01	1.579

续表

站名		项目				
		相关系数 R	样本个数 n	统计量 F	检验信度	延长订正系数
湖口	鄱阳湖区 灰山测风塔	0.776	39	56.006	0.01	1.591
	鄱阳湖区 吉山测风塔	0.694	23	19.512	0.01	1.884
上犹	赣南山地 屏坑山测风塔	0.425	38	7.940	0.01	2.459

3.3.3 50 a 一遇 10 min 平均风速估算

根据湖口气象站建站至 2009 年以及上犹气象站建站至 2010 年的逐年最大 10 min 平均风速序列,采用国家规范推荐的极值 I 型分布函数,计算各参证站 10 m 高度,重现期为 50 a 的 10 min 平均风速结果,列于表 3.11。

根据各测风塔的延长订正系数,推算出各区观测站 70 m 高度 50 a 一遇 10 min 平均风速结果;利用标准空气密度 1.225 kg/m³ 计算出各区测风塔 70 m 高度 50 a 一遇标准空气密度下 10 min 平均风速值,结果列于表 3.11。

表 3.11 各测风塔 50 a 一遇 10 min 平均风速

站名	项目			
	10 m 高 50 a 一遇 10 min 平均风速/(m/s)	区测风塔名称 (编号)	70 m 高 50 a 一遇 10 min 平均风速/(m/s)	标准空气密度 70 m 高 50 a 一遇 10 min 平均风速/(m/s)
湖口	19.0	狮子山测风塔	28.2	27.0
		矶山测风塔	30.0	28.5
		灰山测风塔	30.2	29.0
		吉山测风塔	35.8	34.2
上犹	14.3	屏坑山测风塔	35.2	29.5

如表 3.11 所示,估算的鄱阳湖区各个测风塔 70 m 高度 50 a 一遇 10 min 最大风速为 28.2~35.8 m/s。相应标准空气密度下的 70 m 高度 10 min 平均风速值为 27.0~34.2 m/s。赣南山地测风塔 70 m 高度 50 a 一遇 10 min 最大风速为 35.2 m/s,由于赣南山地空气密度较低,其相应标准空气密度下的 70 m 高 10 min 平均风速值为 29.5 m/s。

3.4 江西省主要风场

本节引用江西省风能资源专业观测网测风塔和地方测风塔风能资源评估结果,综合介绍江西省鄱阳湖区和赣南山地已开展过风能观测的风场位置、地形地貌、测风塔以及各风场的风能资源状况。

3.4.1 鄱阳湖区主要风场

在图3.12中列出鄱阳湖区10个主要风场,由于鄱阳湖区部分风场未进行加密观测或加密观测资料未收集完整,近年来所搜集到的鄱阳湖区新建加密观测点集中在矶山湖、皂湖—屏峰、长岭、狮子山、松门山—吉山、老爷庙、沙岭、鄱阳县(小鸣咀及白沙洲)8个风场。

图3.12 鄱阳湖区主要风场分布示意图

3.4.1.1 矶山湖风场

由位于射山、大矶山和两者之间的张家塘三处的测风区共同构成了都昌矶山湖风场。射山呈东西走向,由东向西呈"一"字形指向鄱阳湖,最高海拔130 m,最低海拔80 m,山势陡峭,山脊上长有茂密的茅草,草深约20 cm,无乔木和灌木。测风塔位于山顶上。大矶山是由若干小山丘连成一串形成的一个东西走向的山脉,最高海拔200 m,最低海拔70 m,山下主要为茅草覆盖,草深约1 m,零星地长有松树,山顶上的茅草较稀疏。张家塘是位于射山和大矶山之间的一片沙地,最高海拔40 m,最低海拔20 m,总体落差不大,但局部有沙沟,沟壁较陡,沙地上长有稀疏的茅草。

在矶山湖风场布设了5座测风塔,其中70 m测风塔1座,40 m测风塔4座,分别是位于大矶山区域西面的1号塔,大矶山区域中部的2号塔,大矶山区域南部的3号塔,张家塘的4号塔、射山的5号塔。有关地理信息见表2.1b,测风塔分布见图3.13。

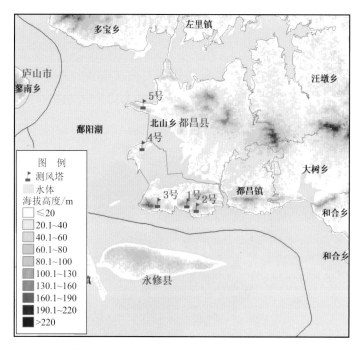

图 3.13　矶山湖风场地理位置及地形地貌图

矶山湖风场各塔长年代订正风能参数见表 3.12。根据矶山湖风场长年代订正风能观测资料得出结论如下。

(1)风场各高度层总体年均以 NNE(北北东)风向为主,风能方向也以 NNE(北北东)方向为主。风场风向及风能一致性良好,有利于风机稳定运行。随着高度的上升,地形影响逐渐转弱,风向频率及风能方向更为集中。

(2)风场年平均风速及风功率密度以春、秋、冬季三季较大,夏季较小。夏季 6 月的风功率密度甚至小于 100 W/m²。

(3)各月总体平均风速及风功率密度日变化不明显。平均风速变化和风功率密度变化趋势一致。

(4)矶山湖风场湍流强度均在 0.10~0.18,70 m 高度 15 m/s 时风速的湍流强度为0.09,10~40 m 高度 15 m/s 时风速的湍流强度为 0.08~0.11。

(5)矶山湖风场风切变指数为 0.009~0.094,风切变指数小。

(6)由表 3.12 可知:矶山湖风场 10 m 高度风速为 4.6~6 m/s,平均风速为 5.3 m/s,风功率密度为 175~387 W/m²,平均风功率密度为 246.4 W/m²。25 m 高度风速为 5~6.1 m/s,平均风速为 5.6 m/s,风功率密度为 214~386 W/m²,平均风功率密度为 274.6 W/m²。

从 5 座塔风能值结果表明,矶山湖风场各项资源指标均高于并网发电的最低要求,以50 m 高度的平均风功率密度值为标准,1 号塔的风功率密度为 3 级,2 号、3 号、4 号塔的风功率密度为 2 级,5 号塔风功率密度为 3 级。由于 2 号、3 号、4 号、5 号塔只有 40 m 测风仪器,参照国家标准《风电场风能资源评估方法》(GB/T 18710—2002)(简称国标)(只列出 50 m参考)有些保守。根据上述数据,矶山湖风场的风能能够满足并网发电的要求。

表 3.12 矶山湖风场测风塔各高度层年平均风速和风功率密度一览表

风能参数	塔号	10 m	25 m	40 m	50 m	70 m
平均风速/ (m/s)	1 号塔	5.7	6.1	/	6.2	6.3
	2 号塔	4.9	5.4	5.5	/	/
	3 号塔	5.2	5.3	5.5	/	/
	4 号塔	4.6	5.0	5.3	/	/
	5 号塔	6.0	6.1	6.0	/	/
风功率密度/ (W/m²)	1 号塔	274.0	317.0	/	324.0	332.0
	2 号塔	175.0	214.0	234.0	/	/
	3 号塔	219.0	230.0	249.0	/	/
	4 号塔	177.0	226.0	253.0	/	/
	5 号塔	387.0	386.0	357.0	/	/

3.4.1.2 皂湖—屏峰风场

皂湖—屏峰风场由两串斜入鄱阳湖中、大致成由东北—西南走向的山包组成。海拔高度在 40～160 m,山体连续性不强,两峰间多由沟壑分开。

皂湖—屏峰风场有 4 座测风塔,分别是位于屏峰村附近一海拔 58 m 的山丘上的 1 号塔,位于屏峰 1 号塔南部的一山丘上的 2 号塔,以及位于螺蛳山山顶上的 3 号塔和位于皂湖湖坝附近的 4 号塔,有关地理信息详见表 2.1b,测风塔分布见图 3.14。

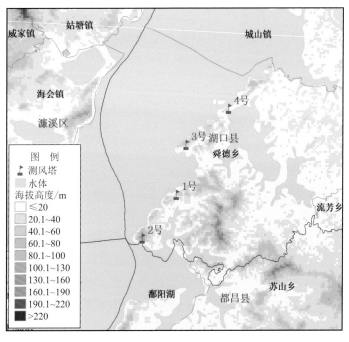

图 3.14 皂湖—屏峰风场地理位置及地形地貌图

皂湖—屏峰风场各塔长年代订正风能参数见表 3.13。

表 3.13　皂湖—屏峰风场测风塔各高度层年平均风速和风功率密度一览表

风能参数	塔号	10 m	25 m	40 m	50 m	70 m
平均风速/ (m/s)	1 号塔	5.0	5.2	/	5.4	5.6
	2 号塔	4.8	5.9	6.2	/	/
	3 号塔	2.6	3.2	4.1	/	/
	4 号塔	5.3	5.5	5.5		
风功率密度/ (W/m²)	1 号塔	155.0	176.0	/	194.0	210.0
	2 号塔	128.0	250.0	302.0	/	/
	3 号塔	34.0	53.0	96.0	/	/
	4 号塔	208.0	218.0	207.0		

根据皂湖—屏峰风场长年代订正风能观测资料得出结论如下。

(1)风场各高度层总体年均以 NNE 风向为主,风能方向也以 NNE 方向为主。风场风向及风能一致性良好,有利于风机稳定运行。随着高度的上升,地形影响逐渐转弱,风向频率及风能方向更为集中。

(2)3 号塔的风功率密度几乎都小于 100 W/m²(由于 3 号塔的地理位置比较特殊决定的,处在半山腰,所以风比较小),风场 1 号塔、2 号塔、4 号塔年平均风速及风功率密度以春、秋、冬季三季较大,夏季较小。夏季的 6 月、8 月的风功率密度甚至小于 100 W/m²。

(3)各月总体平均风速及风功率密度日变化不明显。平均风速变化和风功率密度变化趋势一致。

(4)皂湖—屏峰风场湍流强度均在 0.13～0.37,70 m 高度 15 m/s 时风速的湍流强度为 0.10,10～40 m 高度 15 m/s 时风速的湍流强度为 0.08～0.17。

(5)皂湖—屏峰风场 3 号测风点由于地形特殊风切变指数较大,为 0.386,其他测点风切变指数为 0.026～0.151。

(6)由表 3.13 可知:皂湖—屏峰风场 10 m 高度风速为 2.6～5.3 m/s,平均风速为 4.4 m/s,风功率密度为 34～208 W/m²,平均风功率密度为 131.3 W/m²。25 m 高度风速为 3.2～5.9 m/s,平均风速为 5.0 m/s,风功率密度为 53～250 W/m²,平均风功率密度为 174.3 W/m²。

从 4 座塔风能均值结果表明,皂湖—屏峰风场除 3 号塔外其他塔各项资源指标均高于并网发电的最低要求,以 50 m 高度的平均风功率密度值为标准,1 号塔、4 号塔的风功率密度为 2 级,2 号塔的风功率密度为 3 级,3 号塔的风功率密度为 1 级。由于 2 号塔、3 号塔、4 号塔只有 40 m 测风仪器,参照国家标准《风电场风能资源评估方法》(GB/T 18710—2002)(只列出 50 m 参考)有些保守。根据上述数据,皂湖—屏峰风场的风能能够满足并网发电的要求。

3.4.1.3 长岭风场

长岭风场位于鄱阳湖西岸一东西走向的山脉的山脊上,呈线性,东西长约 4 km,南北平均宽约 20 m,面积约 0.08 km²,风场内地势较为平坦。1 号塔位于风场东部,周围生长着茂密的灌木或茅草,高约 2 m;2 号塔位于风场中部,周围零星地长有高约 80 cm 的灌木。

长岭风场内建有 70 m、40 m 测风铁塔各一座。铁塔具体位置见表 2.1b,测风塔分布见图 3.15。

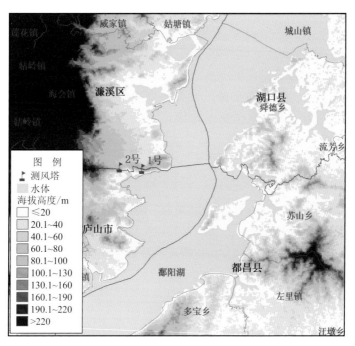

图 3.15 长岭风场地理位置及地形地貌图

长岭风场各塔长年代订正风能参数见表 3.14。

表 3.14 长岭风场测风塔各高度层年平均风速和风功率密度一览表

风能参数	塔号	10 m	25 m	40 m	50 m	70 m
平均风速/(m/s)	1 号塔	5.5	6.7	/	6.8	7
	2 号塔	6.0	6.3	6.3	/	/
风功率密度/(W/m²)	1 号塔	180.0	355.0	/	381.0	407.0
	2 号塔	275.0	319.0	343.0	/	/

根据长岭风场长年代订正风能观测资料得出结论如下。

(1)风场 10 m 高度层年均以 NNE 风向为主,40 m、70 m 高度层年均以 N(北)风向为主。风能方向与主导风向一致。风场风向及风能一致性良好,有利于风机稳定运行。随着高度的上升,地形影响逐渐转弱,风向频率及风能方向更为集中。

(2)风场年平均风速及风功率密度以春、秋、冬季三季较大,夏季较小。

（3）全年各月总体平均风速日变化不太明显。各塔 10 m 处风速以午后到傍晚略小，正午前后略大，其他高度层风速傍晚前后略小，午夜时分略大。各塔全年风功率密度日变化规律与风速相似，只是比风速日变化略明显。

（4）长岭风场湍流强度均在 0.10～0.16，70 m 高度 15 m/s 时风速的湍流强度为 0.07，10～50 m 高度 15 m/s 时风速的湍流强度为 0.08～0.15。

（5）长岭风场风切变指数为 0.02～0.105，风切变指数小。

（6）由表 3.14 可知：长岭风场 10 m 高度风速为 5.5～6.0 m/s，平均风速为 5.8 m/s，风功率密度为 180～275 W/m²，平均风功率密度为 227.5 W/m²。25 m 高度风速为 6.3～6.7 m/s，平均风速为 6.5 m/s，风功率密度为 319～355 W/m²，平均风功率密度为 337 W/m²。

从 2 座塔风能均值结果表明，长岭风场各项资源指标均高于并网发电的最低要求，以 50 m 高度的平均风功率密度值为标准，1 号塔、2 号塔的风功率密度均为 3 级，长岭风场的风能能够满足并网发电的要求。

3.4.1.4 狮子山风场

狮子山风场位于鄱阳湖西岸一西北—东南走向的山脉的山丘上，测风塔位于山丘北面的斜坡上，周围生长着乔木、灌木、地势较为复杂。狮子山风场北面为低洼地，东、南面正对鄱阳湖东北向湖道，处于鄱阳湖与长江的交接口处。

狮子山风场目前已建有 40 m 及 70 m 测风铁塔各一座。铁塔具体位置见表 2.1a 和表 2.1b，测风塔分布见图 3.16。

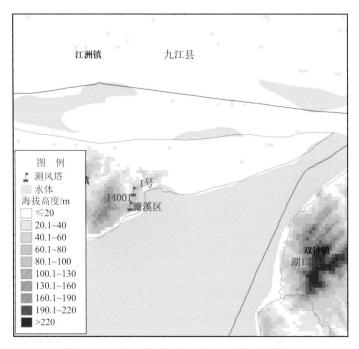

图 3.16　狮子山风场地理位置及地形地貌图

狮子山风场各塔长年代订正风能参数见表 3.15。

根据狮子山风场长年代订正风能观测资料得出结论如下。

(1)风场地处季风气候区,冬季盛行偏北风,夏季盛行偏南风。风场地区年盛行风向为南风。

(2)测风塔各月主导风与风能方向略有差异。10 m 高度层 1 月、2 月和 8—12 月外各月主导风向均为 NNE 风,3—7 月主导风向为 SSW 风;40 m 高度层 3—8 月主导风向均为 S(南)风,其余各月主导风向均为 NE(东北)和 NNE 风。各高度层各月主导风向与风能方向基本一致。

(3)风速、风功率密度最大值出现于夏季 7 月,最小值出现于初冬 12 月。

(4)全年各月总体平均风速日变化不明显。测风塔各高度层风速基本以午后到傍晚略小,正午前后略大。各塔全年风功率密度日变化规律与风速相似,只是比风速日变化略明显。

(5)狮子山风场湍流强度均在 0.14～0.34,70 m 高度 15 m/s 时风速的湍流强度为 0.09,10～50 m 高度 15 m/s 时风速的湍流强度为 0.07～0.11。

表 3.15　狮子山风场测风塔各高度层年平均风速和风功率密度一览表

风能参数	塔号	10 m	25 m	30 m	40 m	50 m	70 m
平均风速/ (m/s)	14001	3.3	/	4.3	/	4.9	5.3
	1 号	4.8	5.3	/	5.5	/	/
风功率密度/ (W/m²)	14001	40.0	/	86.3	/	122.3	156.6
	1 号	138.0	182.0	/	196.0	/	/

(6)狮子山风场风切变指数为 0.105～0.253。

(7)由表 3.15 可知:狮子山风场 10 m 高度风速为 3.3～4.8 m/s,平均风速为 4.1 m/s,风功率密度为 41.2～138 W/m²,平均风功率密度为 89.6 W/m²。

从风能均值结果来看,狮子山风场风功率密度只能达到国家标准《风电场风能资源评估方法》(GB/T 18710—2002)推荐的风功率密度等级表中的 1 级标准要求,不适合用于风力发电。

3.4.1.5　松门山—吉山风场

松门山—吉山风场位于永修县吴城镇的东北面约 6 km,场址包括吉山、松门山两个岛,鄱阳湖以这两个岛为界,分为南、北湖区。吉山、松门山是横立于鄱阳湖中两个岛,两岛相距约 500 m,两个岛基本呈东西走向,东西长约 12 km,南北宽 2～3 km,区域面积 17.5 km²。

松门山—吉山风场目前已建有 70 m 测风铁塔一座。铁塔具体位置见表 2.1a,测风塔分布见图 3.17。松门山—吉山风场各塔长年代订正风能参数见表 3.16。

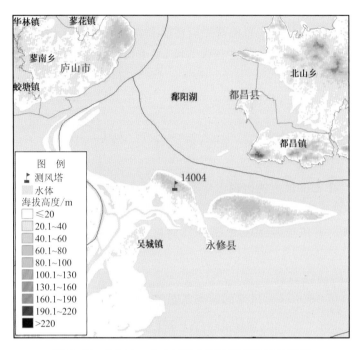

图 3.17　松门山—吉山风场地理位置及地形地貌图

表 3.16　松门山—吉山风场测风塔各高度层年平均风速和风功率密度一览表

风能参数	塔号	10 m	30 m	50 m	70 m
风速/(m/s)	14004	4.9	5.9	6.0	6.1
风功率密度/(W/m²)	14004	190.0	310.3	321.9	347.1

根据松门山—吉山风场风能观测资料得出结论如下(吴琼 等,2010)。

(1)风场风向主要集中在 N—NNE 扇区,频率达到 50% 以上,该方向风能频率高达 85% 以上。

(2)风场年平均风速及风功率密度以春、冬、秋季大,夏季相对较小。

(3)风速日变化呈现较明显 U 型分布,傍晚以后到凌晨风功率密度较大,风功率密度最小值出现在正午 11 时、12 时左右,风功率密度最大值出现在 20 时—凌晨 01 时。

(4)风场湍流强度均在 0.15～0.22,70 m 高度 15 m/s 时风速的湍流强度为 0.06,10～ 50 m 高度 15 m/s 时风速的湍流强度为 0.06～0.12。

(5)风场风切变指数为 0.116,风切变指数较小。

(6)松门山—吉山风场 50 m 高度风速为 6.0 m/s,风功率密度为 321.9 W/m²。70 m 左右高度风速为 6.1 m/s,风功率密度为 347.1 W/m²。松门山—吉山风场风功率密度达到国家标准《风电场风能资源评估方法》(GB/T 18710—2002)推荐的风功率密度等级表中的 3 级标准要求,风能资源较好。

3.4.1.6　老爷庙风场

老爷庙风场位于都昌县以北、屏峰以南。该区域三面环水,老爷庙区域地形多为丘陵沙山,其间多分布有由水土流失造成的沟壑,成半岛状伸入湖中,海拔高度50～250 m不等,地形起伏较大。

2006年12月江西省发展和改革委员会对老爷庙风场加密测风,在风场范围内加密了3座70 m测风塔、2座80 m测风塔共5座测风塔。测风塔安装分布情况见表2.1b。测风塔分布见图3.18。

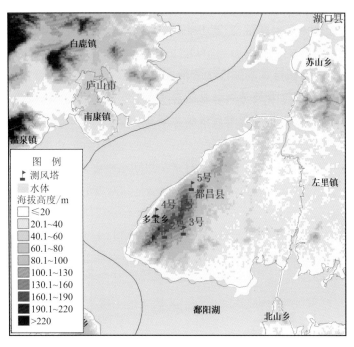

图 3.18　老爷庙风场地理位置及地形地貌图

老爷庙风场各塔长年代订正风能参数见表3.17。

表 3.17　老爷庙风场测风塔各高度层年平均风速和风功率密度一览表

风能参数	塔号	10 m	25 m	40 m	60 m	70 m	80 m
平均风速/ (m/s)	1 号塔	5.2	6	6.3	6.4	6.5	/
	2 号塔	4.9	/	6.0	6.3	6.4	/
	3 号塔	4.7	/	5.9	6.1	6.2	/
	4 号塔	4.6	5.6	5.8	6.1	6.2	6.1
	5 号塔	4.6	5.4	5.7	6.1	6.0	6.1
风功率密度/ (W/m^2)	1 号塔	169.5	264.3	321.7	343.4	373.9	
	2 号塔	156.1	/	320.1	368.1	378.6	
	3 号塔	148.2	/	284.7	343.8	357.7	/
	4 号塔	139.2	246.6	271.6	319.5	330.8	331.6
	5 号塔	145.8	232.4	260.3	316.6	307.0	303.4

根据老爷庙长年代订正风能观测资料得出结论如下。

（1）风场风向主要集中在 N—NE 扇区,频率达到 55％以上,该方向风能频率高达 80％以上。

（2）风场年平均风速及风功率密度以秋、冬季大,春夏季相对较小。

（3）风速日变化呈现较明显 U 型分布,傍晚到凌晨风功率密度较大,风功率密度最小值出现在上午 09—10 时,风功率密度最大值出现在 19 时—凌晨 01 时。

（4）由表 3.17 可知,老爷庙风场 10 m 高度风速为 4.6～5.2 m/s,平均风速为 4.8 m/s,风功率密度为 139.2～169.5 W/m²,平均风功率密度为 151.8 W/m²。40 m 高度风速为 5.7～6.0 m/s,平均风速为 6.0 m/s,风功率密度为 260.3～321.7 W/m²,平均风功率密度为 291.7 W/m²。60 m 高度风速为 6.1～6.4 m/s,平均风速为 6.2 m/s,风功率密度为 316.6～368.1 W/m²,平均风功率密度为 338.3 W/m²。70 m 高度风速为 6.0～6.5 m/s,平均风速为 6.3 m/s,风功率密度为 307.0～378.6 W/m²,平均风功率密度为 349.6 W/m²。

从 5 座塔风能均值结果表明,老爷庙风场各项资源指标均高于并网发电的最低要求,以国家标准《风电场风能资源评估方法》(GB/T 18710—2002)推荐的风功率密度等级表中 70 m 高度的平均风功率密度值为标准,1 号、2 号、3 号塔的风功率密度为 3 级,4 号、5 号塔的风功率密度为 2 级。根据上述数据,老爷庙风场的风能能够满足并网发电的要求(刘晓燕 等,2003)。

3.4.1.7 沙岭风场

沙岭风场位于星子县东南部,为一南北向长条地形,长约 8 km,宽 1～2 km,面积约 10 km²,由于东北面正对着鄱阳湖东北向湖道。该区地形多是低丘沙山,风场内沟壑相间,但地势起伏不大,海拔 50～130 m 不等。

沙岭风场境内现建 50 m 测风塔 2 座,35 m 测风塔 1 座。测风塔地理信息见表 2.1b,测风塔分布见图 3.19。

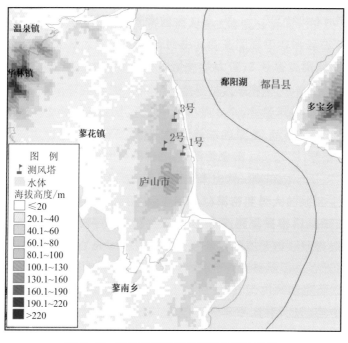

图 3.19　沙岭风场地理位置及地形地貌图

沙岭风场各塔长年代订正风能参数见表 3.18。

表 3.18　沙岭风场测风塔各高度层年平均风速和风功率密度一览表

风能参数	塔号	10 m	30 m	35 m	40 m	50 m
平均风速/ （m/s）	1 号塔	5.3	6.1	/	6.2	6.3
	2 号塔	/	/	5.8	/	/
	3 号塔	4.9	5.6	/	5.8	5.8
风功率密度/ （W/m²）	1 号塔	209.0	306.0	/	320.0	342.0
	2 号塔	/	/	266.0	/	/
	3 号塔	169.0	244.0	/	271.0	265.0

根据沙岭风场长年代订正风能观测资料得出结论如下（吴琼 等，2012a）：

（1）风场全年及各月主导风向基本上 N—NE 风，风向较为稳定；

（2）沙岭风场湍流强度 0.288～0.381，沙岭风场湍流强度相对较大；

（3）沙岭风场风切变 0.11～0.15，风切变指数较小；

（4）由表 3.18 可知，沙岭风场 30 m 左右高度风速为 5.6～6.1 m/s，平均风速为 5.8 m/s，风功率密度为 244～306 W/m²，平均风功率密度为 272 W/m²。

从 3 座塔风能均值结果表明，沙岭风场各项资源指标均高于并网发电的最低要求，以国家标准《风电场风能资源评估方法》（GB/T 18710—2002）推荐的风功率密度等级表中 50 m 高度的平均风功率密度值为标准，1 号塔的风功率密度为 3 级，3 号塔的风功率密度为 2 级，以 30 m 高度的平均风功率密度值为标准 2 号塔的风功率密度为 3 级。根据上述数据，沙岭风场的风能能够满足并网发电的要求。

3.4.1.8　鄱阳县风场

鄱阳县风场包括小鸣咀及白沙洲两大块，代表鄱阳湖南部大湖体沿岸的风能资源状况。

小鸣咀风场西、北两侧临鄱阳湖，靠近风场附近湖底地势较高，大部分时间为露出水面的草洲，只有在汛期被湖水淹没，汛期水深 1～2 m，东侧为小鸣湖，风场和草洲形成一块被鄱阳湖和小鸣湖围成的一半岛形旱地，平均海拔 22 m，地势平坦，呈东南—西北走向。风场内无高大乔木，风场南侧与陆地相连，车辆可直接开进。风场面积虽不大，由于地形简单，测风资料可代表附近草洲风资源情况。建有 60 m 测风塔 1 座。为防主塔出现缺测，在主塔东偏北 0.6 km 处，布设 10 m 塔 1 座。

白沙洲风场为湖中一东西走向长条形岛屿，东西长约 1 km，宽 0.5～1 km，海拔 15～30 m 不等，约 30% 区域为茅草覆盖，其余为灌木和乔木。该风场有两条人工堤与陆地相连，大型车辆可直接开进。风场面积虽不大，但由于地形简单，测风资料可代表附近大面积的荒滩草洲。目前已建 60 m 测风塔 1 座，为防主塔出现缺测，在主塔附近布设 10 m 塔 1 座。铁塔具体位置见表 2.1b，测风塔分布参见图 2.1。

鄱阳县风场各塔长年代订正风能参数见表 3.19。

表 3.19　鄱阳县风场测风塔各高度层年平均风速和风功率密度一览表

风能参数	塔号	10 m	40 m	50 m	60 m
平均风速/ (m/s)	小鸣咀 1 号塔	4.6	5.4	/	5.5
	白沙洲 1 号塔	4.4	4.9	5.0	5.1
风功率密度/ (W/m²)	小鸣咀 1 号塔	147	216	/	221
	白沙洲 1 号塔	119	153	157	167

根据鄱阳县风场长年代订正风能观测资料得出结论如下。

(1)风场各高度层总体年均以偏北风向为主,风能方向也以偏北方向为主。风场风向及风能一致性良好,有利于风机稳定运行。随着高度的上升,地形影响逐渐转弱,风向频率及风能方向更为集中。

(2)风场年平均风速及风功率密度以夏、秋、冬季三季较大,春季较小,与当地电网年负荷较为匹配,其输出电力的变化接近负荷需求变化。

(3)全年平均风速及风功率密度日变化不明显,比较而言以正午前后略小,子夜前后较大。

(4)白沙洲风场各高度层湍流强度随高度升高逐渐减小,值在 0.18～0.25,平均湍流强度为 0.20;小鸣咀湍流强度为 0.09～0.13,湍流强度较弱。

(5)白沙洲风场风切变指数为 0.112,小鸣咀风场风切变指数为 0.06,切变指数均较小。

(6)由表 3.19 可知,鄱阳县风场 10 m 高度风速为 4.4～4.6 m/s,平均风速为 4.5 m/s,风功率密度为 119～147 W/m²,平均风功率密度为 133 W/m²。60 m 高度风速为 5.1～5.5 m/s,平均风速为 5.3 m/s,风功率密度为 167～221 W/m²,平均风功率密度为 194 W/m²。

从风能均值结果表明,小鸣咀风场风功率密度等级可达《风电场风能资源评估方法》(GB/T 18710—2002)中 2 级,白沙洲风场各项资源指标均接近了应用于并网发电的最低要求。

3.4.1.9　鄱阳湖区风能资源分布

鄱阳湖区域风能资源最大值出现于鄱阳湖北部的长岭、大岭、矶山湖附近,其次是老爷庙一带也较高。鄱阳湖北部从湖口水道到永修县的吉山、松门山约 60 km 的狭管湖道,由于"狭管效应"及水面平滑的影响,因此成为鄱阳湖平原乃至江西省风功率密度最大的地区。鄱阳湖南部大湖体是鄱阳湖的主体部分,沿湖及湖中小岛虽然没有北部湖道的"狭管"作用,但由于地形开阔,水面摩擦力小,风能仍较大。鄱阳湖区主要风场测风塔风功率密度见图 3.20。

根据鄱阳湖区各风场测风塔资料,鄱阳湖区风能资源分区情况见表 3.20。

表 3.20　鄱阳湖区风能资源分区概况

风能资源等级	位置
2～3 级以上	鄱阳湖北部湖道的部分区域,主要含鄱阳湖北部狭长湖道南部部分浅滩及屏峰、老爷庙、沙岭、松门山—吉山、长岭、矶山湖等陆地
2 级	鄱阳湖南部湖体部分区域,主要含白沙洲、小鸣咀、青岚湖、军山湖等地
1～2 级	鄱阳湖狭管入口区域,主要包括狮子山地区

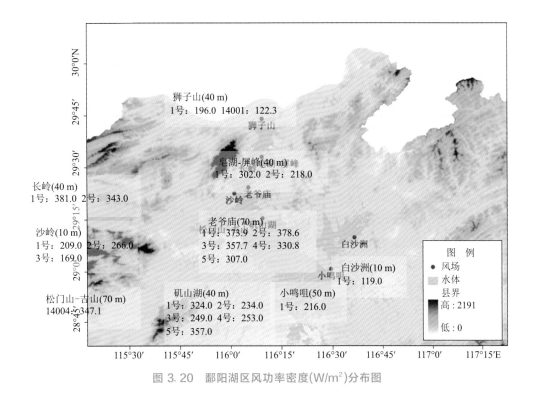

图 3.20　鄱阳湖区风功率密度(W/m²)分布图

3.4.2　山地主要风场

3.4.2.1　于都屏坑山风场

于都屏坑山是一条主体呈南北走向的山脉,如蛇形长约 4 km,偶有小段分叉(山脊)。主峰高度约为 1300 m,山脉顶部较为连续,虽有起伏但沿主脉方向上无沟壑或峭壁等陡然升降点,适宜修建山顶公路。风场呈线形分布在屏山的山脊上,最低处约 1200 m,风场内无乔木和灌木,多覆盖有不高于 15 cm 的草本植物。

于都屏坑山风场目前建有 70 m 测风铁塔一座。铁塔具体位置见表 2.1a,测风塔分布参见图 2.2。

于都屏坑山风场各塔长年代订正风能参数见表 3.21。

表 3.21　于都屏坑山风场测风塔各高度层年平均风速和风功率密度一览表

风能参数	塔号	10 m	40 m	50 m	60 m
平均风速/(m/s)	14005	7.4	7.4	7.5	7.7
风功率密度/(W/m²)	14005	420.9	416.0	437.2	463.8

根据屏坑山风场风能观测资料得出结论如下。

(1)屏坑山风场观测年度测风塔不同高度的风向主要集中在 NNW—NNE 以及 SSW—SSE 扇区,风向频率分别达到 26.1%～37.5% 以及 40.6%～47.0%,风能频率分别达到 30% 左右以及 58% 以上。赣南山地风场风向及风能一致性良好,有利于风机稳定运行。该地区风向分布主要受气候影响,因此偏南风和偏北风均较密集。

(2)屏坑山风场风功率密度冬、春季大,夏、秋季相对较小,风功率密度较大的月份集中在2月、3月、4月。

(3)风速、风功率密度日变化明显呈U型分布,以午后风功率密度最小,凌晨至清晨风功率密度较大,风功率密度最小值出现在午后15时左右,风功率密度最大值出现在清晨05—06时,山地风功率密度日变化值在310~600 W/m²。

(4)屏坑山风场大气湍流较小,为0.17~0.20,15 m/s风速段大气湍流强度明显小于全风速段湍流强度,为0.08~0.10,湍流强度较小。

(5)赣南山地受地形抬升作用,风切变指数很小,为0.017。

(6)于都屏坑山风场50 m高度风速为7.5 m/s,风功率密度为437.2 W/m²。70 m高度风速为7.7 m/s,风功率密度为463.8 W/m²,风功率密度达到国家标准《风电场风能资源评估方法》(GB/T 18710—2002)推荐的风功率密度等级表中的4级标准要求,风能资源好。

3.4.2.2 上犹风打坳风场

上犹县与遂川交界处横亘着一条长数十千米的山脊,上犹风打坳风场为该山脊中的一段,风场位于山脊的脊背上,起于风景山,终于洋绸,大致呈东北—西南走向,海拔高度在1100~1300 m,长约5 km。风场内无高大乔木及灌木,多覆盖低于20 cm的短草,偶尔分布有50 cm左右的小灌木。

上犹风打坳风场目前已建有50 m测风铁塔一座。铁塔具体位置见表2.1b,测风塔分布参见图2.2。

上犹风打坳风场各塔风能参数见表3.22。

表3.22 上犹风打坳风场测风塔各高度层年平均风速和风功率密度一览表

风能参数	塔号	10 m	30 m	50 m
平均风速/(m/s)	1号	5.3	6.1	6.1
风功率密度/(W/m²)	1号	183	240	230

根据风打坳风场长年代订正风能观测资料得出结论如下。

(1)上犹风打坳风场湍流强度很小,为0.017~0.025;风切变指数较小,为0.098。

(2)上犹风打坳风场50 m高度风速为6.1 m/s,风功率密度为230 W/m²,风功率密度达到国家标准《风电场风能资源评估方法》(GB/T 18710—2002)推荐的风功率密度等级表中的2级标准要求。

3.4.2.3 乐安鸭公嶂风场

乐安鸭公嶂风场位于沿乐安与宜黄县界北延伸的雪山山脉的龙岗山上,山体走向为东北—西南向,山体连绵起伏,长约8 km。该区域属于华南虎潜在分布区,其中鸭公嶂山峰海拔1346 m,是乐安县最高的山峰之一。风场主要植被为山顶灌草丛。山顶地势平坦、开阔且周围无高山遮挡。风场已建有80 m测风铁塔一座。铁塔具体位置见表2.1b,测风塔分布参见图2.2。

风场各塔风能参数见表 3.23。

表 3.23　测风塔风能参数年平均值

塔号	风能参数	80 m	70 m	50 m	30 m	10 m
1号	平均风速/(m/s)	6.3	6.2	6.1	6.1	5.8
	风功率密度/(W/m²)	263	245	238	230	210

根据风场风能观测资料得出结论如下。

(1)乐安风场地处季风气候区。冬季盛行偏北风,夏季盛行偏南风。风场地区年盛行风向为偏南风。

(2)受气候及地形共同影响,乐安风场测风塔各高度层总体年均以 SW—SSW 风向为主导风向,风能方向与主导风方向一致,最大风速的风也为 SW—SSW 风,说明两风塔风速、风向及风能一致性良好,有利于风机稳定运行。

(3)1 号塔 50 m 高度风速月变化值在 4.8～7.9 m/s,风功率密度变化值在 141～420 W/m²,6 月最大,11 月最小,其中 6 月风力资源能达到国家标准《风电场风能资源评估方法》(GB/T 18710—2002)风功率密度等级表中的 4 级标准要求,10 月风功率密度可以达到等级表中的 3 级标准要求,3 月、4 月、5 月、8 月、12 月风功率密度可以达到等级表中的 2 级标准要求,其余各月风资源均处于 1 级水平。

(4)风场测风塔全年总体平均风速及风功率密度日变化趋势线呈现一个"V"形,即凌晨到上午的风速较大,中午到下午风速最小,傍晚到晚上风速又逐渐增大这样一个过程。各高度层 15:00—16:00 前后风速达最小,凌晨左右的风速最大。各塔全年风功率密度日变化规律与风速变化相似,只是比风速日变化更为明显。

(5)从风能参数年均值结果来看,乐安鸭公嶂风场 1 号塔 50 m 高度处风能参数能达到国家标准《风电场风能资源评估方法》(GB/T 18710—2002)推荐的风功率密度等级的 2 级标准要求。

3.4.2.4　铜鼓太阳岭风场

铜鼓太阳岭风场位于铜鼓县永宁镇坪田村的太阳岭,属于九岭山山脉。太阳岭山体走向为东北—西南向,山体连绵起伏,长约 13 km。太阳岭风场海拔 1399 m,是铜鼓县最高的山峰之一。该风场山顶地势开阔且周围无高山遮挡,主要植被为高山草甸和低矮灌木。风场已建有 80 m 测风铁塔一座。铁塔具体位置见表 2.1b,测风塔分布参见图 2.2。

风场各塔长年代订正风能参数见表 3.24。

表 3.24　测风塔风能参数年平均值

塔号	风能参数	80 m	70 m	50 m	30 m	10 m
1号	平均风速/(m/s)	6.4	6.5	6.4	6.2	5.8
	风功率密度/(W/m²)	288	300	283	253	204

根据风场风能观测资料得出结论如下。

(1)风电场所在地地处季风气候区。冬季盛行偏北风,夏季盛行偏南风。全年无明显主导风向,但有两个接近相反的主风向 N—NNE 和 SE—SSE,山区主风向与山脊走向垂直,测风塔 80 m 处风能方向与主风方向不一致。

(2)测风塔 50 m 高度 3.0～25.0 m/s 全年有效风速小时数 6970 h,占总数的 79.6%。

(3)风电场轮毂高度处 50 a 一遇最大风速为 27.87 m/s,风速 15 m/s 的湍流强度较小。

(4)测风塔 80 m、70 m、50 m、30 m、10 m 各高度全年平均风速分别为 6.4 m/s、6.5 m/s、6.4 m/s、6.2 m/s、5.8 m/s,相应的风功率密度分别为 288 W/m²、300 W/m²、283 W/m²、253 W/m²、204 W/m²。从风能参数年均值结果来看,铜鼓太阳岭风场 1074 号塔 50 m 高度处风能参数能达到国家标准《风电场风能资源评估方法》(GB/T 18710—2002)推荐的风功率密度等级的 2 级标准要求。

3.4.2.5 安远九龙山风场

在赣州安远县的南面 10 km 处横亘着一条长约 7 km 的山脉,大致呈东西走向,东起于天龙寺茶场,西止于火焰寨,山体间有余脉相连而无深沟间开,沿山脉脊背主线行走地势变化较为平缓,海拔高度在 800～1100 m,称之为 1 号山脊。在 1 号山脊南面约 1.5 km 处有条长约 3 km 且与 1 号山脊走向相同的山脊,称之为 2 号山脊,2 号山脊平均海拔在 800～1100 m。九龙山风场就选址于该两段山脊。两段山脊上均无高大乔木,多覆盖 3 m 以下的灌木或茅草。

风场已建有测风铁塔 5 座,其中 10 m 测风塔 3 座,70 m 测风塔 1 座,80 m 测风塔 1 座。铁塔具体位置见表 2.1b,测风塔分布参见图 2.2 和图 3.21。风场各塔风能参数见表 3.25。

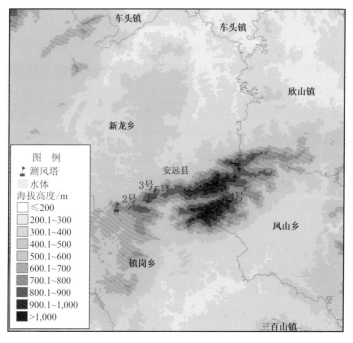

图 3.21　安远九龙山风场地理位置示意图

表 3.25　测风塔风能参数年平均值

塔号	风能参数	80 m	70 m	50 m	30 m	10 m
1 号塔	平均风速/(m/s)	/	/	/	/	6.6
	风功率密度/(W/m²)	/	/	/	/	294
2 号塔	平均风速/(m/s)	/	/	/	/	6.7
	风功率密度/(W/m²)	/	/	/	/	274
3 号塔	平均风速/(m/s)	/	/	/	/	5.8
	风功率密度/(W/m²)	/	/	/	/	205
4 号塔	平均风速/(m/s)	/	6.6	6.5	6.4	6.3
	风功率密度/(W/m²)	/	331	315	303	298
5 号塔	平均风速/(m/s)	6.7	7.2	7.3	6.8	6.0
	风功率密度/(W/m²)	277	338	346	287	206

根据风场风能观测资料得出结论如下。

(1)安远风场地处季风气候区。冬季盛行偏北风,夏季盛行偏南风。风场地区年盛行风向为偏北风。

(2)1 号测风塔年主导风向为偏北风,其次为偏南风,风能频率最大为偏南风,其次为偏北风。其他四测风塔年主导风向为偏北风,风能频率最大为偏北风,其次为偏南风。各塔各层风速、风向、风能一致性较好,有利于风机稳定运行。

(3)5 塔年平均风速及风功率密度日变化明显,日变化曲线呈"U"型,晚上的平均风速和风功能密度明显大于白天。

(4)1 号测风塔 10 m 高度年均风速为 6.6 m/s,风功率密度为 294 W/m²;2 号测风塔 10 m 高度年均风速为 6.7 m/s,风功率密度为 274 W/m²;3 号测风塔 10 m 高度年均风速为 5.8 m/s,风功率密度为 205 W/m²;4 号测风塔 50 m 高度年均风速为 6.5 m/s,风功率密度为 315 W/m²;5 号测风塔 50 m 高度年均风速为 7.3 m/s,风功率密度为 346 W/m²。

(5)从风能参数年均值结果来看,安远风场 4 号、5 号两测风塔 50 m 高度处风能参数能达到国家标准《风电场风能资源评估方法》(GB/T 18710—2002)推荐的风功率密度等级的 3 级标准要求,3 号测风塔 10 m 高度处风能参数年均值均能达到风功率密度等级表中的 4 级标准,1 号和 2 号测风塔 10 m 高度处风能参数年均值均能达到风功率密度等级表中的 5 级标准。

3.4.2.6　永丰县灵华山风场

在江西省吉安市永丰县与抚州市乐安县及赣州市宁都县交界处,有条山脊总长约 15 km,海拔在 1100～1400 m,周围无遮障,暴露于强烈高空风中,山脊较为连续,沿脊背主线行走地势变化较为平缓,偶有断点但数量不多,且断点不深,具有开发成风力发电场的潜力,此山脊即为灵华山。灵华山风场位于山脊上,基本上为森林防火带,无高大乔木,偶有 3 m 以下的灌木分布。

风场已建有 3 座测风铁塔,其中 10 m 测风塔 1 座,70 m 测风塔 2 座。铁塔具体位置见

表 2.1b,测风塔分布参见图 2.2 和图 3.22。风场各塔风能参数见表 3.26。

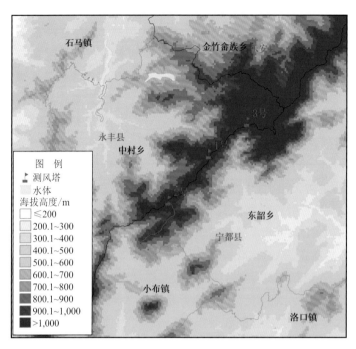

图 3.22　灵华山风场地形地貌及铁塔位置图

表 3.26　风能参数年平均值

塔号	风能参数	70 m	50 m	30 m	10 m
1 号	平均风速/(m/s)	/	/	/	5.3
	风功率密度/(W/m²)	/	/	/	196
2 号	平均风速/(m/s)	5.9	5.5	5.1	5.0
	风功率密度/(W/m²)	235	205	161	146
3 号	平均风速/(m/s)	6.4	6.1	5.9	4.6
	风功率密度/(W/m²)	307	261	248	131

根据风场风能观测资料得出结论如下。

(1)风场全年夏季盛行偏东南风,冬季盛行偏西北冬风。

(2)灵华山风场 1 号塔 10 m 高度处总平均风速最大及最小风速分别为 SSE 风和 W 风;2 号塔 70 m 高度处总平均风速以 S 风及 SSW 风为最大,最小风速为 ENE 风;2 号塔 10 m 高度处总平均风速以 SSW 风为最大,最小风速为 E 风;3 号塔 70 m、10 m 高度处总平均风速分别以 S 风和 SE 风为最大,而最小风速风向均为 NW 风。

(3)1 号塔 10 m 高度层平均以 SE—SSE 风为主导风向,出现频率为 31.1%;风能主方向与主导风方向一致,出现频率为 46.7%。

(4)2 号塔 70 m、10 m 高度层主导风分别为 S—SSW 风和 ESE—SE 风,出现频率分别为 19.1% 和 28.2%,风能主导方向与主导风向一致,出现频率分别为 35.7% 和 29.9%。3 号塔 70 m、10 m 高度层主风分别为 SSE—S 风和 ESE—SE 风,出现频率分别为 26.0% 和 27.8%,风能主方向与主导风向一致,出现频率分别为 42.8% 和 51.9%。

(5)1 号塔 10 m 高度层有效风速小时数为 6282 h,占观测期间总时数的百分比为 71.7%;2 号塔各高度层年有效风速小时数在 6424~6834 h,占观测期间总时数的百分比在 73.3%~78.0%;3 号塔各高度层年有效风速小时数在 5730~6853 h,占观测期间总时数的百分比在 65.4%~78.2%。

(6)风电场轮毂高度处 50 a 一遇最大风速为 34.28 m/s;50 a 一遇极大风速为 52.40 m/s。

(7)从风能参数年均值结果来看,本风场 1 号塔、2 号塔、3 号塔 10 m、50 m 高度层风能资源分别能达到国家标准《风电场风能资源评估方法》(GB/T 18710—2002)推荐的风功率密度等级的 3 级、2 级、2 级要求。

3.4.2.7　永丰高龙山风场

高龙山风场位于江西省吉安市永丰县与抚州市乐安县交界处,山脊总长约 10 km,海拔在 800~1060 m,山体呈东西走向,周围无遮障,暴露于强烈高空风中,山脊较为连续,沿脊背主线行走地势变化较为平缓,区域内无高大乔木,多覆盖 3 m 以下的灌木,少量区域为茅草覆盖。

风场已建有 3 座测风铁塔,其中 10 m 测风塔 1 座,70 m 测风塔 2 座。铁塔具体位置见表 2.1b,测风塔分布参见图 2.2 和图 3.23。风场各塔风能参数见表 3.27。

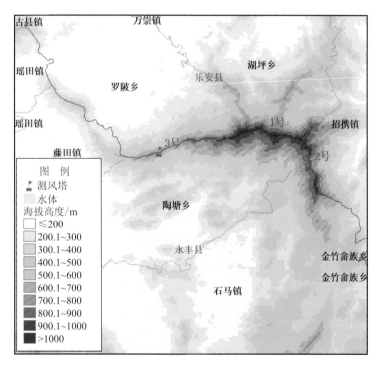

图 3.23　高龙山风场地形地貌及铁塔位置图

表 3.27　风能参数年平均值

塔号	风能参数	70 m	50 m	30 m	10 m
1号	平均风速/(m/s)	/	/	/	5.2
	风功率密度/(W/m²)	/	/	/	185
2号	平均风速/(m/s)	4.6	4.5	4.5	4.1
	风功率密度/(W/m²)	154	144	139	111
3号	平均风速/(m/s)	5.2	5.3	5.1	5.3
	风功率密度/(W/m²)	203	208	185	212

根据风场风能观测资料得出结论如下。

(1)风场全年夏季盛行偏西南风,冬季盛行偏东北风。

(2)1号塔10 m高度处总平均风速最大及最小风速分别为WSW风和NNW风,其风速分别为6.8 m/s和1.7 m/s;2号塔70 m高度处总平均风速以SW风为最大,风速为6.7 m/s,而最小风速为WNW风,风速为1.7 m/s;2号塔10 m高度处总平均风速以ENE风为最大,风速为5.8 m/s,最小风速为WNW和NW风,风速为1.7 m/s;3号塔70 m高度处总平均风速以SSE风为最大,风速为6.8 m/s,而最小风速为ENE风,风速为2.1 m/s;3号塔10 m高度处总平均风速以SSE风为最大,风速为7.6 m/s,最小风速为ENE风,风速为1.9 m/s。

(3)1号塔10 m高度层平均以WSW—W风为主导风向,出现频率为34.2%;风能主方向与主导风方向一致,出现频率为49.3%;2号塔70 m、10 m高度层主导风分别为SW—W风和NE—E风,出现频率分别为31.4%和34.9%,风能主方向与主导风向一致,出现频率分别为40.4%和62.1%;3号塔70 m、10 m高度层主导风分别为N—NE风和ESE—S风,出现频率分别为28.7%和40.8%,风能主方向与主导风向一致,出现频率风能为32.2%和66.3%。

(4)1号塔10 m高度层年有效风速小时数为6082 h,占观测期间总时数的百分比为69.4%;2号塔各高度层年有效风速小时数在5229~5543 h,占观测期间总时数的百分比在59.69%~63.28%;3号塔各高度层年有效风速小时数在6090~6160 h,占观测期间总时数的百分比在69.52%~70.32%。

(5)风电场轮毂高度处50 a一遇最大风速为33.65 m/s;50 a一遇极大风速为51.17 m/s。

(6)从风能参数年均值结果来看,高龙山风场1号塔、2号塔、3号塔塔10 m、50 m高度层风能资源分别能达到国家标准《风电场风能资源评估方法》(GB/T 18710—2002)推荐的风功率密度等级的3级、1级、2级要求。

3.4.2.8　宜黄十八排风场

宜黄县位于江西省中东部,抚州的西南面,北临临川、东临南城和南丰、西临崇仁和乐安。十八排风场位于宜黄与乐安两县交界处,大致为南北走向,北起下横排,南止大龙山,长约14 km。十八排为该山脉的最高峰。山脉各山体间有余脉相连而少深沟间开,偶有山沟间开,山沟落差也不大,沿山脉脊背主线行走地势变化较为平缓,海拔高度在900~1300 m。该风场位于山脊上,无高大乔木,偶有3 m以下的灌木分布。

风场已建有 1 座 70 m 的测风铁塔;铁塔具体位置见表 2.1b,测风塔分布参见图 2.2。风场各塔风能参数见表 3.28。

表 3.28 测风塔风能参数年平均值

塔号	风能参数	70 m	50 m	30 m	10 m
1 号	平均风速/(m/s)	6.3	6.2	6.1	4.9
	风功率密度/(W/m²)	289	272	271	152

根据风场风能观测资料得出结论如下。

(1)宜黄地处季风气候区。冬季盛行偏北风,夏季盛行偏南风。十八排风场所在地年盛行风向为东北风,风场主导风向与风场山脊走向夹角约 45°。

(2)十八排风场 1 号测风塔 10 m 高度层、70 m 高度层年总体以东北风为主导风向,年总体风能方向与主导风方向一致,风速也以东北风最大。

(3)1 号测风塔各高度层有效风速时数在 5999～6947 h,占全年时数的 68.5%～79.3%。

(4)1 号测风塔各高度层年均风速在 4.9～6.3 m/s,年风功率密度在 152～289 W/m²。

(5)宜黄县十八排风场 1 号测风塔 50 m 处年均风速为 6.2 m/s,年风功率密度为 272 W/m²。从风能参数年均值结果来看,测风塔 50 m 高度处风能参数年均值能达到国家标准《风电场风能资源评估方法》(GB/T 18710—2002)风功率密度等级表中的 2 级标准。

3.4.2.9 宜黄鱼牙嶂风场

鱼牙嶂风场位于宜黄县东南面,大致为东北—西南走向,长约 19 km,东北起源于越虎坳,西南止于西华山。海拔高度在 1000～1400 m,沿山脉脊背主线行走地势起伏较大,山体间偶有断点,山脉最高峰为鱼牙嶂。该风场位于山脉山脊上,区域内无高大乔木,多覆盖 3 m 以下的灌木,少量区域为茅草覆盖。铁塔具体位置见表 2.1b,测风塔分布参见图 2.2。

风场已建有 2 座 70 m 的测风铁塔。铁塔具体位置见表 2.1b,测风塔分布参见图 2.2。风场各塔风能参数见表 3.29。

表 3.29 测风塔风能参数年平均值

塔号	风能参数	70 m	50 m	30 m	10 m
1 号	平均风速/(m/s)	6.1	6.0	5.7	5.2
	风功率密度/(W/m²)	283	250	212	155
2 号	平均风速/(m/s)	5.9	5.7	5.6	5.4
	风功率密度/(W/m²)	233	203	189	169

根据风场风能观测资料得出结论如下。

(1)鱼牙嶂风场年盛行西南风,其次为偏北风(NE—N),风场主导风向与风场山脊走向夹角在 0°～45°。

(2)鱼牙嶂风场 1 号和 2 号测风塔 70 m 高度层年总体以西南风为主导风向,年总体风能频率与风向频率一致,风速也以西南风最大;因此两风场3测风塔风速、风向及风能一致性较好。

(3)1号塔各高度层有效风速时数在6590～6921 h,占全年时数的75.2%～79%;2号塔各高度层有效风速时数在6808～6946 h,占全年时数的77.7%～79.3%。

(4)1号测风塔各高度层年均风速在5.2～6.1 m/s,年风功率密度在155～283 W/m²。2号测风塔各高度层年均风速在5.4～5.9 m/s,年风功率密度在169～233 W/m²。

(5)宜黄县鱼牙嶂风场1号、2号测风塔50 m处年均风速分别为6.0 m/s、5.7 m/s,年风功率密度分别为250 W/m²、203 W/m²。从风能参数年均值结果来看,鱼牙嶂风场1号和2号测风塔50 m高度处风能参数年均值能达到《风电场风能资源评估方法》(GB/T 18710—2002)风功率密度等级表中的2级标准。

3.4.2.10 崇义龙归风场

崇义县位于江西省西南部,赣州市的西面,与湖南省的汝城县和广东省的仁化县接壤。龙归风场位于崇义县的西南角,风场包含乐洞乡及聂都乡、文英乡的部分山脉。在龙归风场建有1座70 m的测风铁塔,测风塔位于龙归山,山脉呈东北—西南走向,山脊海拔在900～1300 m,山体连续,脊背坡度较为平缓。高山垂直气候变化明显,不同高度分布着不同的植被。山脚下是大片的竹林,山坡上则以低矮的灌木为主、山脊上多覆盖低于20 cm的矮草,为典型的高山草甸植被类型。

铁塔具体位置见表2.1b,测风塔分布参见图2.2。风场各塔风能参数见表3.30。

表 3.30　1号测风塔风能参数年平均值

风能参数	70 m	50 m	10 m
平均风速/(m/s)	6.2	6.0	5.7
风功率密度/(W/m²)	250	222	196

根据风场风能观测资料得出结论如下。

(1)崇义龙归风场地处季风气候区。冬季盛行偏北风,夏季盛行偏南风。风场地区年盛行风向为东北偏北风,风场主导风向与风场山脊走向在30°～40°。

(2)龙归风场测风塔70 m高度层年总体以NNE风为主导风向,年总体风能方向与主导风方向一致;测风塔70 m高度以SW风(7.7 m/s)年平均风速最大,其次为NNE风向的风速(7.5 m/s)。龙归风场测风塔10 m高度层年总体以东北偏北风为主导风向,年总体风能方向与主导风方向一致;测风塔10 m高度以SW风(7.5 m/s)年平均风速最大,其次为NNE风向的风速(7.1 m/s)。因此龙归风场风速、风向及风能一致性较好。

(3)龙归风场测风塔各高度层有效风速时数在6998～7226 h,占全年时数的79.7%～82.3%。

(4)龙归风场测风塔10 m高度各月风速变化值在4.2～6.8 m/s,各月风功率密度变化值在73～282 W/m²,月平均风速和风功率密度均在1月最小,7月达最大;测风塔50 m高度各月风速变化值在4.3～7.3 m/s,月风功率密度变化值在82～389 W/m²,月平均风速和风功率密度均在 1 月最小,4 月最大;测风塔 70 m 高度各月风速变化值在 4.9～7.6 m/s,月风功率密度变化值在 109～441 W/m²,月平均风速和风功率密度均在 1 月最小,4 月达最大。

测风塔各高度层年均风速在 5.7～6.2 m/s,年风功率密度在 196～250 W/m²。年平均风速和风功率密度均随着高度的增加而增大。

(5)龙归风场测风塔 50 m 处年均风速为 6.0 m/s,年风功率密度为 222 W/m²。从风能参数年均值结果来看,测风塔 50 m 高度处风能参数年均值能达到《风电场风能资源评估方法》(GB/T 18710—2002)风功率密度等级表中的 2 级标准。

3.4.2.11 上犹双溪风场

双溪风场位于上犹县双溪乡与遂川县交界处,由东北角的风景山、中间段的云雾山及西南角的伯公坳组成。山体脊背坡度较为平缓,山体间而有余脉相连无深沟间开,整个山脉长约 13 km,大致呈东北—西南走向。

沿山脉脊背主线行走地势变化较为平缓,海拔高度在 900～1300 m。山体脊背上无高大乔木及灌木,多覆盖低于 20 cm 的矮草,为典型的高山草甸植被类型。简易公路可以到达 900 m 的高度,但上山的路均为小路,山高路陡,交通极不便利。双溪风场位于山脊的脊背上。

风场已建有测风铁塔 6 座。铁塔具体位置见表 2.1b,测风塔分布参见图 2.2 和图 3.24。

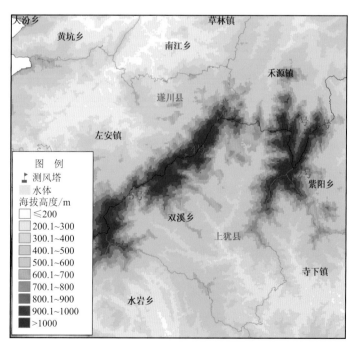

图 3.24 上犹风场区域位置示意图

风场各塔风能参数见表 3.31。

表 3.31　测风塔风能参数年平均值

塔号	风能参数	70 m	50 m	30 m	10 m
1号	平均风速/(m/s)	6.1	5.9	5.8	5.4
	风功率密度/(W/m²)	274	240	234	192
2号	平均风速/(m/s)	—	—	—	6.5
	风功率密度/(W/m²)	—	—	—	318
3号	平均风速/(m/s)	—	—	—	5.8
	风功率密度/(W/m²)	—	—	—	230
塔号	风能参数	50 m	30 m	20 m	10 m
4号	平均风速/(m/s)	6.0	6.2	6.1	6.3
	风功率密度/(W/m²)	238	258	257	280
5号	平均风速/(m/s)	5.6	5.6	5.4	5.4
	风功率密度/(W/m²)	181	172	163	165
6号	平均风速/(m/s)	6.1	5.9	6.1	5.1
	风功率密度/(W/m²)	212	203	216	136

根据风场风能观测资料得出结论如下。

(1)上犹双溪风场地处季风气候区。冬季盛行偏北风,夏季盛行偏南风。风场地区年盛行风向为偏北(N—NW)风,风场主导风向与风场山脊走向在 45°～90°。风场二期年盛行风向为偏北(N—NNE)风,风场主导风向与风场山脊走向大约为 45°。

(2)1 号测风塔 70 m 高度层、10 m 高度层年总体以偏北风(N—NNE)为主导风向,出现频率分别为 28.3%、28.1%;年总体风能频率最大与风向频率一致。2 号塔年主导风向为 N 风,最大风能密度方向与年主导风向一致。3 号塔年主导风向为 N—NNW 风,最大风能密度方向与年主导风向一致。双溪风场风速、风向及风能一致性较好。4 号测风塔 10 m 高度层、50 m 高度层年总体以偏北风(N—NNW)为主导风向,年总体风能方向与主导风方向一致;5 号测风塔 50 m 高度层年总体以偏北风(NNW—N)为主导风向,年总体风能频率与风向频率一致;6 号测风塔 50 m 高度层年总体主导风向为偏北风(NW—NNW),年总体主导风能频率为 S 风。4 号、6 号测风塔 50 m 高度均以 S 风年平均风速最大,5 号测风塔各高度层均以 NNW 方向的风速最大。

(3)1 号测风塔各高度层有效风速时数在 6383～6740 h,占全年时数的 72.9%～76.9%;2 号测风塔有效风速时数为 6896 h,占全年时数的 78.7%;3 号测风塔有效风速时数为 6666 h,占全年时数的 76.1%。4 号测风塔全年有效风速时数在 7042～7250 h,占年总时数的 80.4%～82.8%;5 号测风塔全年有效风速时数在 7042～7156 h,占年总时数的 80.4%～81.7%;6 号塔各高度层有效风速时数在 6895～7568 h,占全年时数的 78.5%～86.2%。

(4)从风能参数年均值结果来看,上犹县双溪风场 1 号、4 号、6 号测风塔 50 m 高度处风能参数年均值能达到《风电场风能资源评估方法》(GB/T 18710—2002)风功率密度等级表中的 2 级标准,5 号测风塔 50 m 高度处只能达到 1 级标准要求。2 号塔 10 m 高度处风能参数年均值能达到风功率密度等级表中的 5 级标准要求,3 号塔 10 m 高度处风能参数年均值能达到风功率密度等级表中的 4 级标准要求。

3.4.2.12 兴国大水山风场

大水山风场在兴国县北部,被崇贤、方太、城冈、良村级枫边五个乡镇包围,是一片相对分散的山地,虽然无明显的主山脊,但众山中可勾勒出若干山不规则的短山脊,这些山脊海拔一般高于 700 m,风能资源较为丰富。虽然每条短山脊不能构成一个大型风场,但众多短山脊可积少成多。

风场已建有测风塔 12 座。铁塔具体位置见表 2.1b,测风塔分布参见图 2.2 和图 3.25。风场各塔风能参数见表 3.32。

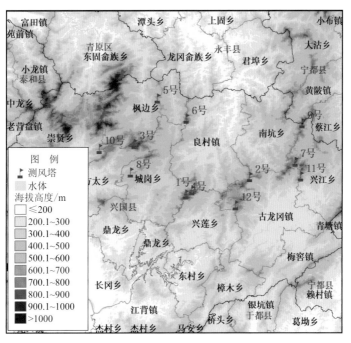

图 3.25 大水山各风塔所在位置

表 3.32 风能参数年平均值

塔号	风能参数	90 m	80 m	70 m	50 m	30 m	10 m
1 号	平均风速/(m/s)	5.8	5.7	5.6	5.5	5.5	5.7
	风功率密度/(W/m²)	170	161	160	153	146	157
2 号	平均风速/(m/s)	6.5	6.9	6.5	6.3	5.8	5.5
	风功率密度/(W/m²)	254	284	238	221	172	134
3 号	平均风速/(m/s)	5.5	4.9	5.3	5.0	5.1	4.9
	风功率密度/(W/m²)	128	94	113	101	102	88
4 号	平均风速/(m/s)	—	—	—	—	—	5.5
	风功率密度/(W/m²)	—	—	—	—	—	161

续表

塔号	风能参数	90 m	80 m	70 m	50 m	30 m	10 m
5 号	平均风速/(m/s)	4.7	4.8	4.8	4.4	3.9	3.0
	风功率密度/(W/m²)	98	105	98	83	56	28
6 号	平均风速/(m/s)	6.9	6.9	6.7	6.5	6.5	6.0
	风功率密度/(W/m²)	264	261	239	223	215	153
7 号	平均风速/(m/s)	5.6	6.1	5.9	5.9	5.9	5.1
	风功率密度/(W/m²)	167	188	169	162	208	136
8 号	平均风速/(m/s)	4.4	4.9	4.8	4.3	4.2	3.9
	风功率密度/(W/m²)	81	113	133	74	74	60
9 号	平均风速/(m/s)	4.4	4.4	4.6	4.4	4.5	3.6
	风功率密度/(W/m²)	108	104	127	114	151	60
10 号	平均风速/(m/s)	3.0	3.1	2.7	2.8	2.4	2.5
	风功率密度/(W/m²)	50	51	33	34	23	24
11 号	平均风速/(m/s)	3.8	3.7	3.6	3.3	2.8	1.7
	风功率密度/(W/m²)	72	71	63	53	42	10
12 号	平均风速/(m/s)	3.9	3.9	4.6	4.8	3.4	3.3
	风功率密度/(W/m²)	117	114	134	134	85	77

根据风场风能观测资料得出结论如下。

(1)各塔各高度层年最大风速风向略有差异,但总体以偏南风的风速最大,最小风速风向略有不同。

(2)1 号塔观测期间各高度层年均风速在 5.5~5.8 m/s,年均风功率密度在 146~170 W/m²,均以 90 m 处为最大值;2 号塔观测期间各高度层年均风速在 5.5~6.9 m/s,年均风功率密度在 134~284 W/m²,均以 80 m 处为最大值;3 号塔观测期间各高度层年均风速在 4.9~5.5 m/s,年均风功率密度在 88~128 W/m²,均以 90 m 处为最大值;4 号塔观测期间年均风速为 5.5 m/s,年均风功率密度为 161 W/m²;5 号塔观测期间各高度层年均风速在 3.0~4.8 m/s,年均风功率密度在 28~105 W/m²,均以 80 m 处为最大值;6 号塔观测期间各高度层年均风速在 6.0~6.9 m/s,年均风功率密度在 153~264 W/m²,均以 90 m 处为最大值;7 号塔观测期间各高度层年均风速在 5.1~6.1 m/s,年均风功率密度在 136~208 W/m²;8 号塔观测期间各高度层年均风速在 3.9~4.9 m/s,年均风功率密度在 60~133 W/m²,均以 80 m 处为最大值;9 号塔观测期间各高度层年均风速在 3.6~4.6 m/s,年均风功率密度在 60~151 W/m²;10 号塔观测期间各高度层年均风速在 2.4~3.1 m/s,年均风功率密度在 23~51 W/m²,均以 80 m 处为最大值;11 号塔观测期间各高度层年均风速在 1.7~3.8 m/s,年均风功率密度在 10~72 W/m²,均以 90 m 处为最大值;12 号塔观测期间各高度层年均风速在 3.3~4.8 m/s,年均风功率密度在 77~134 W/m²,均以 50 m 处为最大值。

测风期间各高度层总体平均风速及风功率密度日变化均较明显,均呈现在中午前后值略小一些,凌晨风速及风功能密度略大的趋势。平均风功率密度日变化规律与风速变化相似,只是比风速日变化明显。

(3)1号塔各高度层年有效风速小时数在7695～6561 h,占观测期间总时数的百分比在87.6%～94.0%;2号塔各高度层年有效风速小时数在7958～8275 h,占观测期间总时数的百分比在90.6%～94.2%;3号塔各高度层年有效风速小时数在7827～8257 h,占观测期间总时数的百分比在89.1%～94.0%;4号塔各高度层年有效风速小时数为7537 h,占观测期间总时数的百分比为85.8%;5号塔各高度层年有效风速小时数在4858～7897 h,占观测期间总时数的百分比在55.3%～89.9%;6号塔各高度层年有效风速小时数在8143～8494 h,占观测期间总时数的百分比在92.7%～96.7%;7号塔各高度层年有效风速小时数在7528～8283 h,占观测期间总时数的百分比在85.7%～94.3%;8号塔各高度层年有效风速小时数在6834～7484 h,占观测期间总时数的百分比在77.8%～85.2%;9号塔各高度层年有效风速小时数在5991～6711 h,占观测期间总时数的百分比在68.2%～76.4%;10号塔各高度层年有效风速小时数在4497～5376 h,占观测期间总时数的百分比在51.2%～61.2%;11号塔各高度层年有效风速小时数在3110～5771 h,占观测期间总时数的百分比在35.4%～65.7%;12号塔各高度层年有效风速小时数在5024～6351 h,占观测期间总时数的百分比在57.2%～72.3%。

(4)大水山风场1号塔90 m高度层年平均风速以S风的风速最大,为6.8 m/s,NW风的风速最小,为3.3 m/s;2号塔90 m高度层年平均风速以N和S风的风速最大,为7.7 m/s,W风的风速最小,为3.8 m/s;3号塔90 m高度层年平均风速以S风的风速最大,为6.5 m/s,E风的风速最小,为4.5 m/s;4号塔10 m高度层年平均风速以S风的风速最大,为6.9 m/s,W风的风速最小,为3.1 m/s;5号塔90 m高度层年平均风速以SSW风的风速最大,为6.2 m/s,W风的风速最小,为2.6 m/s;6号塔90 m高度层年平均风速以NW风的风速最大,为8.9 m/s,SE风的风速最小,为3.9 m/s;7号塔90 m高度层年平均风速以N风的风速最大,为6.6 m/s,W风的风速最小,为2.7 m/s;8号塔90 m高度层年平均风速以N风的风速最大,为6.7 m/s,W风的风速最小,为2.1 m/s;9号塔90 m高度层年平均风速以SSW风的风速最大,为7.0 m/s,WNW风的风速最小,为3.0 m/s;10号塔90 m高度层年平均风速以S风的风速最大,为6.2 m/s,ESE和NW风的风速最小,为1.9 m/s;11号塔90 m高度层年平均风速以NE风的风速最大,为6.3 m/s,WNW风的风速最小,为2.6 m/s;12号塔90 m高度层年平均风速以NNW风的风速最大,为7.7 m/s,NW风的风速最小,为2.8 m/s。

(5)根据1号测风塔实测值推算出大水山风场70 m处50 a一遇最大风速的估算值47.8 m/s,计算出50 a一遇极大风速的估算值为52.3 m/s;目前额定功率为1.5 mW(70 m高度)风力发电机的设计安全风速为59.5 m/s,该地最大瞬时风速不会高于此值,因此该地区的风力对风力发电机的安全与稳定运行不会产生影响。

(6)从风能参数年均值结果来看,对照国家标准《风电场风能资源评估方法》(GB/T 18710—2002)50 m高度处标准,本风场各塔年均风功率密度等级为:1号、3号、5号、7号、8号、9号、12号塔均为1级,2号、6号塔为2级;对照国家标准《风电场风能资源评估方法》

(GB/T 18710—2002)10 m 高度处标准,4 号塔为 3 级。

3.4.2.13 宁都钩刀咀风场

风场所在的宁都县小布镇钩刀咀,位于江西省赣州市宁都县西北部,距县城 60 km,东临洛口镇、钓锋乡;南连黄陂镇、大沽乡;西北与东韶乡、吉安地区的永丰县中村乡、上溪乡接壤。钩刀咀峰属于雩山山脉,风场在一条东北—西南走向的山脊上,长约 10 km。主峰高度为 1234 m,山顶以低矮杂木与灌草丛为主。

风场已建有 80 m 测风铁塔一座。铁塔具体位置见表 2.1b,测风塔分布参见图 2.2。

风场各塔风能参数见表 3.33。

表 3.33　风能参数年平均值

塔号	风能参数	80 m	70 m	50 m	30 m	10 m
1 号	平均风速/(m/s)	6.4	6.3	6.1	5.5	5.7
	风功率密度/(W/m²)	277	257	234	205	205

根据风场风能观测资料得出结论如下。

(1)风电场所在地地处季风气候区。冬季盛行偏北风,夏季盛行偏南风。全年主导风 S—SE,山区主风向与山脊走向垂直。

(2)测风塔塔各高度有效风速小时数为 6740～7206 h,占全年时数的 76.9%～82.3%。

(3)风电场轮毂高度处 50 a 一遇最大风速为 32.98 m/s;50 a 一遇极大风速为 46.17 m/s,风速 15 m/s 的湍流强度较小。

(4)测风塔 80 m、70 m、50 m、30 m、10 m 各高度全年平均风速分别为 6.4 m/s、6.3 m/s、6.1 m/s、5.7 m/s、5.7 m/s,相应的风功率密度分别为 277 W/m²、257 W/m²、234 W/m²、205 W/m²、205 W/m²。从风能参数年均值结果来看,宁都钩刀咀风场 1 号塔 50 m 高度处风能参数能达到国家标准《风电场风能资源评估方法》(GB/T 18710—2002)推荐的风功率密度等级的 2 级标准要求。

3.4.2.14 宁都官山风场

风场位于宁都县蔡江乡,属于粤山山脉,山体走向为东北—南西向,山体连绵起伏,长约 13 km。风场海拔 1104 m。该风场为山地风场,山顶地势开阔且周围无高山遮挡,主要植被为高山草甸和低矮灌木风场已建有 80 m 测风铁塔一座。

铁塔具体位置见表 2.1b,测风塔分布参见图 2.2。风场各塔风能参数见表 3.34。

表 3.34　测风塔风能参数年平均值

塔号	风能参数	80 m	70 m	50 m	30 m	10 m
1 号	平均风速/(m/s)	6.3	6.5	6.5	6.2	6.0
	风功率密度/(W/m²)	307	307	298	257	225

根据风场风能观测资料得出结论如下。

(1)风电场所在地地处季风气候区。冬季盛行偏北风,夏季盛行偏南风。风场地区全年主导风向为 N—NE,山区主风向与山脊走向垂直,有利于风机稳定运行。

(2)测风塔 50 m 高度 3.0～25.0 m/s 全年有效风速小时数 7228 h,占总数的 82.5%。

(3)风电场轮毂高度处 50 a 一遇最大风速为 34.59 m/s,风速 15 m/s 的湍流强度较小。

(4)测风塔 80 m、70 m、50 m、30 m、10 m 各高度全年平均风速分别为 6.3 m/s、6.5 m/s、6.5 m/s、6.2 m/s、6.0 m/s,相应的风功率密度分别为 307 W/m²、307 W/m²、298 W/m²、257 W/m²、225 W/m²。从风能参数年均值结果来看,风场 1 号塔 50 m 高度处风能参数能达到国家标准《风电场风能资源评估方法》(GB/T 18710—2002)推荐的风功率密度等级的 2 级标准要求。

3.4.2.15　定南双山风场

华润定南双山风电场位于定南县鹅公镇镇田乡双山嶂一带丘陵山区,属于九连山北翼,东西走向,长约 7 km。双山风电场海拔 1057 m。该风电场为山地风电场,山顶地势开阔且周围无高山遮挡,主要植被为高山草甸和低矮灌木。

风场已建有 80 m 测风铁塔一座。铁塔具体位置见表 2.1b,测风塔分布参见图 2.2。

风场各塔风能参数见表 3.35。

表 3.35　测风塔风能参数年平均值

塔号	风能参数	80 m	60 m	40 m	10 m
1 号	平均风速/(m/s)	6.2	6.1	5.8	5.2
	风功率密度/(W/m²)	234	212	190	142

根据风场风能观测资料得出结论如下。

(1)风电场地区全年主导风向为 SW—SSW,次主导风向为 N—NE。1 号塔 80 m、60 m、10 m 高度层 SW—SSW 风向出现频率分别为 39%、39.5%、46.5%,N—NE 出现频率分别为 28.3%、28.5%、29.3%;山区主导风向与山脊走向垂直,有利于风机稳定运行。

(2)测风塔 60 m 高度 3.0～25.0 m/s 全年有效风速小时数 7437 h,占总数的 84.9%。

(3)风电场轮毂高度处 50 a 一遇最大风速为 39.1 m/s,风速 15 m/s 的湍流强度较小。

(4)测风塔 80 m、60 m、40 m、10 m 各高度全年平均风速分别为 6.2 m/s、6.1 m/s、5.8 m/s、5.2 m/s,相应的风功率密度分别为 234 W/m²、212 W/m²、190 W/m²、142 W/m²。从风能参数年均值结果来看,定南双山风电场 1 号塔 10 m 高度处风能参数能达到国家标准《风电场风能资源评估方法》(GB/T 18710—2002)推荐的风功率密度等级的 2 级标准要求。

3.4.2.16　修水县九云岭风场

九云岭位于修水县城东南方向约 40 km 处,位于修水、奉新、靖安三县交界,中间横亘着一条长约 30 km 呈东北—西南走向的山脉。风场主山脊与子山脊之间较为连续,海拔高度在 900～1400 m,山体间有余脉相连而少深沟间开,沿山脉脊背主线行走地势变化较为平缓。

风场已建有 80 m 测风铁塔一座。铁塔具体位置见表 2.1b,测风塔分布参见图 2.2。风场各塔风能参数见表 3.36。

表 3.36 风能参数年平均值

塔号	风能参数	80 m	70 m	50 m	30 m	10 m
1号	平均风速/(m/s)	6.2	6.2	6.1	5.7	5.7
	风功率密度/(W/m²)	304	303	280	251	223

根据风场风能观测资料得出结论如下。

(1)风场地处区域夏季盛行偏南风,冬季盛行偏西风。

(2)1号塔80 m年平均主导风向不明显,出现频率最高的分别为WNW、W、E风,三个风向频率总和为29.6%;10 m处年平均主导风向也不明显,出现频率最高的分别为W、E、WNW风,三个风向频率总和为36.8%,两处风能主导方向均为W—WNW,出现频率分别为20.2%、25.6%。该塔风向与风能一致性良好,有利于风机的稳定运行。

(3)修水县九云岭风场1号塔80 m高度层年平均风速以W风的风速最大,为7.2 m/s,WSW方向的风其次,为7.1 m/s,NE风的风速最小,为4.8 m/s;10 m高度层年平均风速以E风的风速最大,为6.7 m/s,W方向的风其次,为6.5 m/s,SSW风的风速最小,为3.2 m/s。

(4)1号塔各高度层年有效风速小时数在6479~6903 h,占观测期间总时数的百分比在74.0%~78.8%。

(5)从风能参数年均值结果来看,根据国家标准《风电场风能资源评估方法》(GB/T 18710—2002)推荐的风功率密度等级标准要求,1号塔50 m高度层风功率密度达到2级标准要求。

3.4.2.17 修水山炮岭、眉毛山风场

山炮岭位于修水县县城南面4 km处,义宁镇和征村乡交界处,横亘着一条长约16 km东西走向的山脉。风场中间被小河断开成东西两条子山脊,两条子山脊较为连续,海拔高度在400~600 m,山体间有余脉相连而少深沟间开,沿山脉脊背主线行走地势变化较为平缓,眉毛山位于修水县县城西南偏西15 km处,黄沙镇和黄坳乡之间,横亘着一条长约12 km大致东西走向的山脉,该山脊山体间有余脉相连而少深沟间开,沿山脉脊背主线行走地势变化较为平缓,海拔高度在600~1200 m。

风场已建有70 m测风铁塔2座。铁塔具体位置见表2.1b,测风塔分布参见图2.2。风场各塔风能参数见表3.37。

表 3.37 风能参数年平均值

塔号	风能参数	70 m	50 m	30 m	10 m
1号	平均风速/(m/s)	5.8	5.6	5.5	5.0
	风功率密度/(W/m²)	235	214	195	160
2号	平均风速/(m/s)	3.5	3.1	2.9	2.2
	风功率密度/(W/m²)	53	39	33	14

根据风场风能观测资料得出结论如下。

(1)风场地处区域夏季盛行偏南风,冬季盛行偏北风。

(2)1号塔70 m、10 m高度层年平均都以S—SSW风为主导风向,出现频率分别为25.2%、28.6%;风能主导方向与主导风方向一致,70 m、10 m高度层出现频率分别为27.6%、47.2%。该塔风向与风能一致性良好,有利于风机的稳定运行。2号塔70 m、10 m高度层年平均主导风向分别为S风和NNW—N风,出现频率分别为18.8%、39.1%,各高度层风能主导方向与主导风方向一致,70 m、10 m高度层出现频率分别为28.9%、48.9%。该塔风向与风能一致性良好,有利于风机的稳定运行。

(3)修水县眉毛山风场1号塔70 m高度层年平均风速以SSW风的风速最大,为7.7 m/s,SW方向的风其次,为7.3 m/s,NNW风的风速最小,为2.8 m/s;10 m高度层年平均风速以SW风的风速最大,为6.2 m/s,SSW方向的风其次,为6.0 m/s,NW风的风速最小,为2.1 m/s。

山炮岭风场2号塔70 m高度层年平均风速以NE风的风速最大,为4.7 m/s,S方向的风其次,为4.4 m/s,E风、WSW风和W风的风速均最小,均为1.6 m/s;10 m高度层年平均风速以S风的风速最大,为2.9 m/s,NNW方向的风其次,为2.4 m/s,W风的风速最小,为0.6 m/s。

(4)1号塔各高度层年有效风速小时数在6106～6578 h,占观测期间总时数的百分比在69.7%～75.1%;2号塔各高度层年有效风速小时数在2521～4798 h,占观测期间总时数的百分比在28.8%～54.8%。

(5)从风能参数年均值结果来看,根据国家标准《风电场风能资源评估方法》(GB/T 18710—2002)推荐的风功率密度等级标准要求,1号塔50 m高度层风能资源达到2级标准,2号塔50 m高度层风能资源只能达到1级标准要求。

3.4.2.18　赣州武华山风场

龙源赣州武华山风电场位于宁都县湛田乡至田埠乡之间武华山一带丘陵山区,属于武夷山遗脉,南北走向,长约15 km。武华山风电场海拔1088 m。该风电场为山地风电场,山顶地势开阔且周围无高山遮挡,主要植被为高山草甸和低矮灌木(高约2 m)。风场已建有80 m测风铁塔一座。铁塔具体位置见表2.1b,测风塔分布参见图2.2。

风场各塔风能参数见表3.38。

表3.38　风能参数年平均值

塔号	风能参数	80 m	70 m	50 m	30 m	10 m
1号	平均风速/(m/s)	6.9	6.8	6.6	6.5	6.1
	风功率密度/(W/m²)	376	335	300	271	219

根据风场风能观测资料得出结论如下。

(1)风电所在地地处季风气候区。冬季盛行偏北风,夏季盛行偏南风。全年无明显主导风向,但有两个接近相反的最大风频风向NE和SW—WSW,山区最大风频风向与山脊走向垂直,测风塔风能方向与主风方向一致性较好,有利于风机稳定运行。

(2)根据风电场年平均气温和气压,计算风电场地区全年平均空气密度为 $1.08\ kg/m^3$。

(3)测风塔 50 m 高度 3.0~25.0 m/s 全年有效风速小时数 7265 h,占总数的 82.9%。

(4)风电场轮毂高度处 50 a 一遇最大风速为 32.96 m/s,风速 15 m/s 的湍流强度较小。

(5)测风塔 80 m、70 m、50 m、30 m、10 m 各高度全年平均风速分别为 6.9 m/s、6.8 m/s、6.6 m/s、6.5 m/s、6.1 m/s,相应的风功率密度分别为 $376\ W/m^2$、$335\ W/m^2$、$300\ W/m^2$、$271\ W/m^2$、$219 W/m^2$。从风能参数年均值结果来看,龙源赣州武华山风电场 1 号塔 50 m 高度处风能参数能达到国家标准《风电场风能资源评估方法》(GB/T 18710—2002)推荐的风功率密度等级的 2 级标准要求。

3.4.2.19 遂川左安桃源风场

遂川左安桃源风电场位于沿遂川与上犹县交界的界山上,山体总体为东西走向,山体连绵起伏,长约 25 km。遂川左安桃源风电场为山地风场,主要植被为高山草甸。山顶地势平坦、开阔且周围无高山遮挡。风场已建有 70 m 测风铁塔一座。铁塔具体位置见表 2.1b,测风塔分布参见图 2.2。

风场各塔风能参数见表 3.39。

表 3.39　测风塔风能参数年平均值

塔号	风能参数	70 m	60 m	50 m	10 m
1 号	平均风速/(m/s)	6.5	6.4	6.4	5.9
	风功率密度/(W/m^2)	334	320	306	258

根据风场风能观测资料得出结论如下。

(1)遂川左安桃源风电场两塔所在地地处季风气候区。冬季盛行偏北风,夏季风向较乱,以偏西风较多。风场地区年盛行风向为北风。

(2)1 号塔各高度层年均以 N 风为主导风向,但风能方向与主导风方向不完全一致,70 m 层以 N 方向最高,而 10 m 以 SSE 方向最高。

(3)从风能参数年均值结果来看,遂川左安桃源风电场 1 号塔 50 m 高度处风能参数能达到国家标准《风电场风能资源评估方法》(GB/T 18710—2002)推荐的风功率密度等级的 2 级标准要求。

3.4.2.20 泰和水槎风场

一期风场位于泰和县东南部水槎乡,在一条东北—西南走向的山脊上,如蛇形长约 20 km。主峰高度为 1152 m,山脚是竹林、茶场,山腰是茂密的森林,山顶植被主要是高山茅草,草深约 2 m。风场内共设置了 4 座测风塔,塔号分别为:1 号、2 号、3 号、4 号。二期风场在一条东北—西南走向的山脊上,长约 14 km。主峰高度为 900 m,山脚是竹林、茶场,山腰是茂密的森林,山顶植被主要是高山茅草,草深约 2 m,共设置了 2 座测风塔,塔号分别为:5 号、6 号。铁塔具体位置见表 2.1b,测风塔分布参见图 2.2 和图 3.26。

风场各塔风能参数见表 3.40。

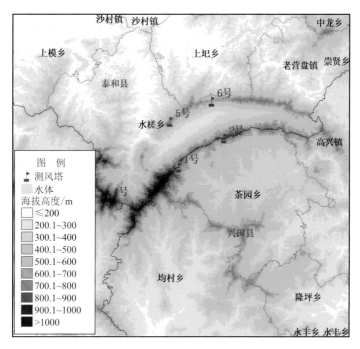

图 3.26 测风塔地理位置示意图

表 3.40 测风塔风能参数年平均值

塔号	风能参数	50 m	30 m	20 m	10 m
1 号	平均风速/(m/s)	5.9	5.7	5.7	5.6
	风功率密度/(W/m²)	231	198	196	190
2 号	平均风速/(m/s)	6.7	6.9	7	7.5
	风功率密度/(W/m²)	296	325	340	427
3 号	平均风速/(m/s)	6.6	6.3	6	5.2
	风功率密度/(W/m²)	270	244	214	148
4 号	平均风速/(m/s)	7.4	7.4	6.9	5.5
	风功率密度/(W/m²)	375	373	320	158
5 号	平均风速/(m/s)	5.4	5.3	5.1	4.2
	风功率密度/(W/m²)	197	198	191	103
6 号	平均风速/(m/s)	—	—	—	5.3
	风功率密度/(W/m²)	—	—	—	183

根据风场风能观测资料得出结论如下。

(1)风电场所在地地处季风气候区。冬季盛行偏北风,夏季盛行偏南风。一期风场各测风塔主导风向分别 NW—NNW、N、N—NNE、NNE;二期风场 5 号测风塔 70 m 高度主导风向为 SE—S,次主导风向为 NW—NNW;10 m 高度主导风向为 SE,次主导风向为 NNW。6 号测风塔 10 m 高度主导风向为 N,次主导风向为 S。测风塔风能方向与主导风风方向一致性较好,有利于风机稳定运行。

(2)一期风场各测风塔 50 m 高度 3.0～25.0 m/s 全年有效风速为 6960～7944 h,占全年时数的 79.2%～90.4%。二期风场两侧风塔塔各高度有效风速小时数为 5406～6486 h,占全年时数的 61.7%～74.0%。

(3)风电场轮毂高度处 50 a 一遇最大风速为 44.66 m/s,风速 15 m/s 的湍流强度较小。

(4)1 号测风塔各高度层年均风速在 5.6～5.9 m/s,年风功率密度在 190～231 W/m²;2 号测风塔各高度层年均风速在 6.7～7.5 m/s,年风功率密度在 296～427 W/m²;3 号测风塔各高度层年均风速在 5.2～6.6 m/s,年风功率密度在 148～270 W/m²;4 号测风塔各高度层年均风速在 5.5～7.4 m/s,年风功率密度在 158～375 W/m²。5 号测风塔各高度层年均风速在 4.2～5.4 m/s,年风功率密度在 103～198 W/m²;6 号测风塔 10 m 高度层年均风速为 5.3 m/s,年风功率密度为 183 W/m²。

(5)从风能参数年均值结果来看,1 号、2 号、3 号、4 号各测风塔 50 m 高度处风功率密度值 4 号>2 号>3 号>1 号,分别能达到《风电场风能资源评估方法》(GB/T 18710—2002)中风功率密度等级表的"2 级""2 级""2 级""3 级"标准。5 号测风塔 50 m 高度处风功率密度值为该等级表中的"1 级"标准,6 号测风塔 10 m 高度处风功率密度值为该等级表中的"3 级"标准。

3.4.2.21 万安高山嶂风场

高山嶂位于万安县城东南方向约 16 km 处,地处万安县城与武术乡之间。该风场周边山体间有余脉相连而少深沟间开,沿山脉脊背主线行走地势变化较为平缓,海拔高度在 630～800 m。风场已建有 70 m、10 m 测风铁塔各一座。铁塔具体位置见表 2.1b,测风塔分布参见图 2.2。

风场各塔风能参数见表 3.41。

表 3.41 测风塔风能参数年平均值

塔号	风能参数	70 m	50 m	30 m	10 m
1 号	平均风速/(m/s)	6.3	6.2	5.9	4.8
	风功率密度/(W/m²)	239	225	201	130
2 号	平均风速/(m/s)	—	—	—	6.3
	风功率密度/(W/m²)				257

根据风场风能观测资料得出结论如下。

(1)1 号塔 70 m 年平均以 N—NE 风为主导风向,出现频率为 44.4%;风能主导方向为 N,出现频率为 26.7%;10 m 年平均以 NNE 风为主导风,出现频率为 31.7%;风能主导方向与主导风方向一致,也为 NNE 风,出现频率为 38.4%。2 号塔 10 m 年平均以 SSE 风为主导风向,出现频率为 36.4%,其次为 N 风,出现频率为 30.7%;风能主导方向为 N,出现频率为 40.1%。两座测风塔风向与风能一致性较好,有利于风机的稳定运行。

(2)万安县高山嶂风场 1 号塔 70 m 高度层年平均风速以 S 风的风速最大,为 8.3 m/s,SSE 方向的风其次,为 8.0 m/s,WSW 风速最小,为 2.0 m/s;10 m 高度层年平均风速以 NNE 风速最大,均为 7.7 m/s,SSE 方向的风其次,为 7.6 m/s,W 风风速最小,为 0.7 m/s;2 号塔 10 m 高度层年平均风速以 SSE 风速最大,均为 8.0 m/s,N 方向的风其次,为 6.5 m/s,

SW 风风速最小,为 1.2 m/s。

(3)1 号塔各高度层年有效风速小时数在 7325~7358 h,占观测期间总时数的百分比在 83.6%~84.0%;2 号塔 10 m 高度年有效风速 7296 h,占观测期间总时数的 83.3%。

(4)从风能参数年均值结果来看,1 号测风塔各高度层年平均风速在 4.8~6.3 m/s,年平均风功率密度在 130.0~239.0 W/m²;2 号测风塔 10 m 高度年平均风速为 6.3 m/s,年平均风功率密度尾 257 W/m²。

(5)根据国家标准《风电场风能资源评估方法》(GB/T 18710—2002)推荐的风功率密度等级标准要求,1 号塔 50 m 高度层风功率密度达到 2 级标准要求;2 号塔 10 m 高度观测期间风能参数平均值可以达到等级表中的 4 级标准。

3.4.2.22 永新秋山风场

永新秋山风电场位于沿永新与莲花县交界的界山上,山体总体为东北—西南走向,山体连绵起伏,长约 13 km。永新秋山风电场为山地风场,主要植被为高山草甸。山顶地势平坦、开阔且周围无高山遮挡。风场已建有 80 m 测风铁塔一座。铁塔具体位置见表 2.1b,测风塔分布参见图 2.2。

风场各塔风能参数见表 3.42。

表 3.42 永新秋山风场测风塔风能参数年平均值

风能参数	80 m	80 m(备份)	70 m	50 m	30 m	10 m
平均风速/(m/s)	6.6	6.5	6.5	6.3	5.8	4.7
风功率密度/(W/m²)	327	311	315	283	224	144

根据风场风能观测资料得出结论如下。

(1)风速日变化呈现一个"V"形,即凌晨到上午的风速较大,中午到下午风速最小,傍晚到晚上风速又逐渐增大这样一个过程。各高度层 13:00 前后风速最小,23:00 左右的风速最大。

(2)年变化:以 6—8 月风资源较为丰富,而 2 月及 11 月存在两个低谷。

(3)E 风为主导风向,80 m、10 m 高度层该风向的风出现频率分别为 13.0% 和 15.1%;风能方向与主导风方向不一致,80 m、10 m 高度层 SW 及 E 方向的风能频率分别为 17.4% 和 27.9%。

(4)风场各高度层湍流强度随高度升高而逐渐减小。1451 号塔湍流强度在 0.15~0.30,15 m/s 时风速的湍流强度在 0.05~0.10;对照国家标准《风电场风能资源评估方法》(GB/T 18710—2002)推荐的 0.1~0.25,各高度层风速均处在中等程度湍流强度;

(5)根据国家标准《风电场风能资源评估方法》(GB/T 18710—2002)推荐的风功率密度等级标准要求,秋山风场 50 m 高度层风功率密度达到 2 级标准要求。

3.4.2.23 于都屏山风场

在江西省赣州市于都县屏山(地图上为:屏坑山)是一条主体上呈南北走向的山脉,如蛇形长约 4 km,偶有小段分叉(山脊)。主峰高度约为 1300 m,山脉顶部较为连续,虽有起伏但沿主脉方向上无沟壑或峭壁等陡然升降点,适宜修建山顶公路。山脊海拔在 1200~1300 m,周围无遮障,暴露于强烈高空风中。风场内无乔木和灌木,多覆盖有不高于 15 cm 的草本植物。

水泥公路已通至山腰（海拔800 m处），有简易公路通到海拔1100 m的山脊上。风场已建有50 m、70 m测风铁塔各一座。铁塔具体位置见表2.1b,测风塔分布参见图2.2和图3.27。

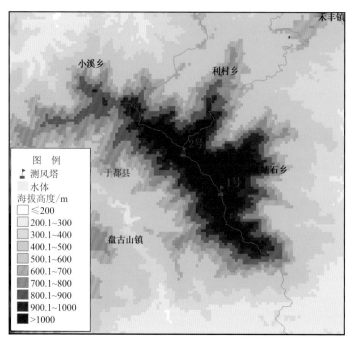

图3.27　于都屏山风场位置图

风场各塔风能参数见表3.43。

表3.43　测风塔风能参数年平均值

塔号	风能参数	70 m	50 m	30 m	10 m
1号	平均风速/(m/s)	6.6	6.6	6.4	6.3
	风功率密度/(W/m²)	309	291	276	261
塔号	风能参数	50 m	30 m	20 m	10 m
2号	平均风速/(m/s)	6.7	6.5	6.4	6.4
	风功率密度/(W/m²)	294	279	275	265

根据风场风能观测资料得出结论如下。

（1）风场地处季风气候区。冬季盛行偏北风，夏季盛行偏南风。风场地区年盛行风向为偏南风。

（2）1号和2号测风塔年均以西南风为主导风向，其次为东北风，风能方向与主导风方向一致。两测风塔各高度层西南风风速最大，其次为东北风。因此，于都风场风速、风向及风能一致性良好，有利于风机稳定运行。

（3）两塔年平均风速及风功率密度日变化明显，日变化曲线呈"U"型，晚上的平均风速和风功能密度明显大于白天。

（4）1号测风塔50 m高度月风速变化值在5.4～8.6 m/s，风功率密度变化值在

$148\sim543$ W/m^2；2 号测风塔 50 m 高度月风速变化值在 $5.5\sim8.7$ m/s，风功率密度变化值在 $160\sim565$ W/m^2。

（5）从风能参数年均值结果来看，于都风场 1 号、2 号两座测风塔 50 m 高度处风能参数能达到国家标准《风电场风能资源评估方法》（GB/T 18710—2002）推荐的风功率密度等级的 2 级标准要求。

3.5　风能资源储量

基于江西省长期风能资源数值模拟结果，采用中国气象局风能资源技术开发量的评估方法，得到江西省风能资源可开发区域及技术可开发量。

如图 3.28 所示，江西省风能资源主要分布在鄱阳湖区和高山地区。鄱阳湖区是受地形影响形成的孤岛式分布的风能资源丰富区，风能资源主要集中在鄱阳湖体北部狭管地区以及鄱阳湖南部湖体沿湖周边地区。高山地区是以沿山脉走向的线状式分布或孤立山峰的点状式分布的风能资源丰富区（吴琼 等，2013b）。江西省 80 m、100 m、120 m 和 140 m 高度的风能资源技术开发总量分别为 1423 万 kW、2401 万 kW、3345 万 kW、4001 万 kW。

图 3.28　江西省风能资源可开发区域分布图

第 4 章
风能资源评估技术

4.1 相关技术指标

4.1.1 平均风功率密度

平均风功率密度由下式计算:

$$\overline{D_{WP}} = \frac{1}{2}\sum_{i=1}^{n}\rho \cdot v_i^3 \qquad (4.1)$$

式中,$\overline{D_{WP}}$ 为设定时段的平均风功率密度(单位:W/m²);n 为设定时段内的记录数;v_i^3 为第 i 时刻记录风速(单位:m/s)值,ρ 为空气密度,由式(4.2)给出。

空气密度直接影响风能的大小,在同等风速条件下,空气密度越大风能越大。空气密度计算公式如下:

$$\rho = \frac{1.276}{1+0.00366t}\left(\frac{p-0.378e}{1000}\right) \qquad (4.2)$$

式中,ρ 为空气密度(单位:kg/m³),p 为气压(单位:hPa),t 为气温(单位:℃),e 为水汽压(单位:hPa)。根据测风塔的实测气温、气压、相对湿度观测数据,可计算空气密度值。

4.1.2 风向和风能密度分布

根据风向观测资料,按 16 个方位统计观测时段内(年、月)各风向出现的小时数,除以总的观测小时数即为各风向频率。

风向频率指设定时段各方位风出现的次数占全方位风向出现总次数的百分比。

风能密度计算公式为:

$$D_{wE} = \frac{1}{2}\sum_{i=1}^{n}\rho \cdot v_i^3 t_i \qquad (4.3)$$

式中,D_{wE}——风能密度,单位:(W·h)/m²;n——风速区间数目;ρ——空气密度,单位:kg/m³;v_i^3——第 i 风速区间的风速(m/s)值的立方;t_i——某扇区或全方位第 i 个风速区间的风速发生的时间,单位:h。

风能密度分布是指设定时段各方位的风能密度占全方位总风能密度的百分比。

4.1.3 风速频率

以 1 m/s 为一个风速区间,统计代表年测风序列中每个风速区间内风速出现的频率。每个风速区间的数字代表中间值,如 5 m/s 风速区间为 4.6～5.5 m/s。

4.1.4 有效小时数

统计出代表年测风序列中风速在 3～25 m/s 的累计小时数。

4.1.5 风速垂直切变

近地层风速的垂直分布主要取决于地表粗糙度和低层大气的层结状态。在中性大气层结下,对数和幂指数方程都可以较好地描述风速的垂直廓线,实测数据检验结果表明,在江西省鄱阳湖区和赣南山地地区幂指数公式比对数公式可以更精确地拟合风速的垂直廓线,我国新修订的《建筑结构荷载规范》(GB 50009—2012)也推荐使用幂指数公式,其表达式为:

$$V_2 = V_1 \left(\frac{Z_2}{Z_1} \right)^{\alpha} \tag{4.4}$$

式中,V_2 为高度 Z_2 处的风速(单位:m/s);V_1 为高度 Z_1 处的风速(单位:m/s),Z_1 一般取 10 m 高度;α 为风切变指数,其值的大小表明了风速垂直切变的强度。

4.1.6 湍流强度

湍流强度表示瞬时风速偏离平均风速的程度,是评价气流稳定程度的指标。湍流强度与地理位置、地形、地表粗糙度和天气系统类型等因素有关,其计算公式为:

$$I = \frac{\sigma_v}{V} \tag{4.5}$$

式中,V 为 10 min 平均风速(单位:m/s),σ_v 为 10 min 内瞬时风速相对平均风速的标准差。

4.1.7 风频曲线及威布尔分布参数

根据《全国风能资源评价技术规定》(中国气象局风能太阳能评估中心,2005),风频曲线拟合采用威布尔分布,其二参数概率密度函数用下式表示:

$$f(x) = \frac{K}{A} \left(\frac{x}{A} \right)^{K-1} \exp \left[-\left(\frac{x}{A} \right)^K \right] \tag{4.6}$$

式中,$f(x)$ 为概率密度函数,A 为尺度参数,K 为形状参数。

4.1.8 长年代风功率密度

计算各参证站观测年度年平均风速相对本站近 20 a 累年平均风速距平百分率,计算公式为:

$$\eta = \frac{V - \overline{V}}{V} \times 100\% \tag{4.7}$$

式中,η 为累年平均风速距平百分率,V 为参证站在现场观测时段的平均风速,$\overline{V}$ 为参证站累年平均风速。

根据风速距平百分率 η 和测风塔观测年度的风速值 V,得出测风塔长年代风速订正公式:

$$\overline{V} = V \times (1 - \eta) \tag{4.8}$$

长年代风功率密度 D_{WP} 的计算公式为:

$$\overline{D_{WP}} = D \cdot (1 - \eta)^3 \tag{4.9}$$

101

式中,D 为测风塔观测时段的风功率密度。

4.1.9 重现期(50 a 一遇)10 min 平均风速估算

根据气象站建站至今的最大 10 min 平均风速序列,采用极值 I 型分布函数,计算各气象参证站 10 m 高度,重现期为 50 a 的 10 min 平均风速结果,根据各测风塔的延长订正系数,推算出各区观测站 70 m 高度 50 a 一遇 10 min 平均风速结果。

极值 I 型的概率分布,其分布函数为:

$$F(x) = \exp\{-\exp[-\alpha(x-u)]\}$$

式中,u——分布的位置参数,即分布的众值;α——分布的尺度参数。

分布的参数与均值 μ 和标准差 σ 的关系按下式确定:

$$\mu = \frac{1}{n}\sum_{i=1}^{n}V_i$$

$$\sigma = \sqrt{\frac{1}{n-1}\sum_{i=1}^{n}(V_i-\mu)^2}$$

$$\alpha = \frac{c_1}{\sigma}$$

$$u = \mu - \frac{c_2}{\alpha}$$

式中,V_i 为连续 n 个年最大风速样本序列($n \geqslant 15$),系数 c_1 和 c_2 按照中华人民共和国国家发展和改革委员会 2004 年 5 月 14 日印发的《全国风能资源评价技术规定》(发改能源〔2004〕865 号)选取。

若记 1971—2000 年的年最大风速序列为:V_1,V_2,V_3,$\cdots$,V_{30},则 μ、σ 按下式计算:

$$\mu = \frac{1}{30}\sum_{i=1}^{30}V_i$$

$$\sigma = \sqrt{\frac{1}{29}\sum_{i=1}^{30}(V_i-\mu)^2}$$

$$\alpha = \frac{1.11238}{\sigma}$$

$$u = \mu - \frac{0.53622}{\alpha}$$

测站 50 a 一遇最大风速 $V_{50-\max}$ 按下式计算:

$$V_{50-\max} = u - \frac{1}{\alpha}\ln\left[\ln\left(\frac{50}{50-1}\right)\right]$$

4.2 风能资源测量方法

4.2.1 观测点位置和数量

选择能代表该地风能资源特征的地点设置观测点,观测点应选择在风场主风向的上风向位置。附近应无高大建筑物、树木等障碍物,与单个障碍物距离应大于障碍物高度的3倍,与成排障碍物距离应保持在障碍物最大高度的10倍以上。

测量位置数量依风场地形复杂程度而定,应考虑不同地形对风力风电机组微观选址的影响:对于地形较为平坦的风场,可选择一处安装测量设备;对于地形较为复杂的风场,应选择二处及二处以上安装测风设备。

4.2.2 测量参数

风速:10 min平均风速,每秒采样一次,自动计算和记录每10 min的平均风速,单位:m/s。小时平均风速,通过10 min平均风速值获取每小时的平均风速,单位:m/s。极大风速,每3 s采样一次的风速的最大值,单位:m/s。

风向:与风速同步采集的该风速的风向,所记录的风向都是某一风速在该区域的瞬时采样值,采用多少度来表示风向。

气温:现场采集风场的环境温度,单位:℃;分辨率为0.1 ℃;每分钟采样一次并记录。

气压:现场采集风场的气压,单位:hPa;分辨率为0.1 hPa;每分钟采样一次并记录。

湿度:现场采集风场的环境相对湿度,单位:%;分辨率为1%;每分钟采样一次并记录。

4.2.3 测量设备

(1)测风塔

测风塔可选择立杆拉线型等不同形式,并应便于其上安装的测风仪器的维修。风场在一处安装测风塔时,其高度不应低于拟安装的风力发电机组的轮毂中心高度;风场多处安装测风塔时,其高度可按10 m的整数倍选择,但至少有一处测风塔的高度不应低于拟安装的风力发电机组的轮毂中心高度。

(2)测风仪

测风仪包括风速传感器、风向传感器和数据采集器三部分。只在一处安装测风塔时,测风塔上应安装三层风速、风向传感器,其中两层应选择在10 m高度和拟安装的风力发电机组的轮毂中心高度处,另一层可选择10 m的整数倍高度安装。风场安装二处及二处以上测风塔时,应有一套风速、风向传感器安装在10 m高度处,另一套风速、风向传感器应固定在拟安装的风力发电机组的轮毂中心高度处,其余的风速、风向传感器可固定在测风塔10 m的整数倍高度处。

风速、风向传感器应固定在测风铁塔直径 2.5 倍以上的牢固横梁处,迎主导风向安装(或仪器伸臂与主风向垂直),传感器的安装底板应进行水平校正。野外安装数据采集器时,安装盒应固定在测风塔上离地 1.5 m 处,也可安装在现场的临时建筑物内。

(3)气压、气温、湿度传感器

气压、气温、湿度传感器安装高度宜在离轮毂高度 10 m 的范围内,气温传感器应设置小型百叶箱或防辐射罩。

4.2.4　测量数据

数据连续性:现场测量应连续进行,不应少于 1 a。

数据完整率:现场采集的测量数据完整率应在 90% 以上。

数据下载:采集测量数据可采用遥控、现场或室内下载的方法。数据采集器的芯片或存储器脱离现场不得超过 1 h。

人工采集数据时段间隔:人工采集数据的时间间隔最长不宜超过一个月。

4.3　风能资源评价方法

对江西省环鄱阳湖区和部分山地进行野外现场勘查,并根据设立的测风塔观测资料计算风场风能资源评估所需的各种参数,包括不同时段的平均风速和风功率密度、风速频率分布和风能频率分布、风向频率和风能密度方向分布、风切变指数和湍流强度等,根据各参数结果对当地风能资源进行评估,以判断风场是否具有开发价值,再结合数值模拟结果估计江西省风能资源状况。

4.3.1　风况图表

(1)年风况

(a)全年的风速和风功率日变化曲线图;

(b)风速和风功率的年变化曲线图;

(c)全年的风速和风能频率分布直方图;

(d)全年的风向和风能玫瑰图。

(2)月风况

(a)各月的风速和风功率日变化曲线图;

(b)各月的风向和风能玫瑰图。

(3)相关长期测站风况

(a)与风场测风塔同期的风速年变化直方图;

(b)连续 20~30 a 的风速年际变化直方图。

根据《风能资源详查和评价工作大纲》(中国气象局风能太阳能评估中心,2004)的要求,将各种风况参数绘制成图形能够更直观地看出风场的风速、风向和风能的变化,便于与当地的地形条件、电力负荷曲线等比较,判断是否有利于风力发电机组的排列、风电场输出电力的变化是否接近负荷需求的变化等。

4.3.2　风功率密度

风功率密度蕴含风速、风速分布和空气密度的影响,是风场风能资源的综合指标,风功率密度等级见表4.1。

表4.1　风功率密度等级表(摘自 GB/T 18710—2002)

风功率密度等级	10 m 高度		30 m 高度		50 m 高度		应用于并网风力发电
	风功率密度/(W/m²)	年平均风速参考值/(m/s)	风功率密度/(W/m²)	年平均风速参考值/(m/s)	风功率密度/(W/m²)	年平均风速参考值/(m/s)	
1	<100	4.4	<160	5.1	<200	5.6	
2	100～150	5.1	160～240	5.9	200～300	6.4	
3	150～200	5.6	240～320	6.5	300～400	7.0	较好
4	200～250	6.0	320～400	7.0	400～500	7.5	好
5	250～300	6.4	400～480	7.4	500～600	8.0	很好
6	300～400	7.0	480～640	8.2	600～800	8.8	很好
7	400～1000	9.4	640～1600	11.0	800～2000	11.9	很好

注:(1)不同高度的年平均风速参考值是按风切变指数为1/7推算的;
　　(2)与风功率密度上限值对应的年平均风速参考值,按海平面标准大气压及风速频率符合瑞利分布的情况推算。

4.3.3　风向频率及风能密度方向分布

风电场内机组位置的排列取决于风能密度方向分布和地形的影响。在风能玫瑰图上最好有一个明显的主导风向,或两个方向接近相反的主风向。在山区主风向与山脊走向垂直为最好。

4.3.4　风速的日变化和年变化

用各月的风速(或风功率密度)日变化曲线图和全年的风速(或风功率密度)日变化曲线图,与同期的电网日负荷曲线对比;风速(或风功率密度)年变化曲线图,与同期的电网年负荷曲线对比,两者相一致或接近的部分越多越好。

4.3.5　湍流强度

湍流强度值在0.10或以下表示湍流相对较小,中等程度湍流值为0.10～0.25,更高的湍流强度值表明湍流过大。风场的湍流特征是风能资源评估的重要指标,它对风力发电机组性能有不利影响,会减少输出功率,还可能引起极端荷载,最终削弱和破坏风力发电机组。

4.3.6 气象风险

特殊的大气条件要对风力发电机组提出特殊的要求,会增加成本和运行的困难,如最大风速超过 40 m/s 或极大风速超过 60 m/s,气温低于 −20 ℃,积雪、积冰、雷暴、盐雾或沙尘多发地区等。

第 5 章
风能资源数值模拟

5.1　数值模拟技术

　　基于数值模拟技术的风能资源评估方法是区域风能资源评估的重要手段,它能够解决观测资料在空间分布密度和观测时间长度方面的限制,给出模拟范围内风况的连续分布的情况(贺志明 等,2008;吴琼 等,2012b)。

　　天气数值模拟是基于大气动力和热力学基本原理,通过数值计算的方法对支配大气、海洋等不同系统分量或整个天气系统的基本方程组进行求解,从而对气象系统的状态及其变化进行模拟。从 20 世纪 90 年代开始,数值模拟随着 20 多年的发展,已形成了较为完善的理论和技术方法,可以较好地描述近地层大气的运动过程和地形对大气运动的影响作用,并在风能资源评估中得到了应用,可以较准确地模拟风能资源的分布趋势和特点。

　　数值模拟评估可进行短期模拟和长期模拟。短期风能资源数值模拟时段一般为 1 a,用于分析和评估某一年度的风能资源状况并对数值模拟的可靠性进行检验评估。长期风能资源数值模拟时段一般为 30 a,通过风能资源气候学数值模拟方法得到长年代平均的风能资源分布。

5.2　短期数值模拟

5.2.1　数值模式系统及模拟评估方案

　　(1)模式系统

　　采用中尺度模式 MM5 和微尺度模块 CALMET 对江西省风能资源进行模拟。

　　(2)模式简介

　　(a)MM5 模式

　　中尺度模式 MM5 是由美国国家大气研究中心和宾夕法尼亚州立大学联合开发的第 5 代中尺度天气预报模式,可以广泛用于大气科学研究,特别是在对中小尺度强对流系统、锋面、海陆风、山地环流和城市热岛等的理论和业务预测中有其独特的优势(贺志明 等,2010)。

　　MM5 有静力和非静力两套模式,静力模式采用由 Machenhauer 等提出的有限区域非线性正规模方法作初值化处理。该方法的基本思路是对初值的重力波进行调整,使得调整秩序的初始时刻重力波分量的时间倾向为零,从而达到所有制由于初值不平衡所造成的积分过程中的大振幅高频振荡;非静力模式中,每个 σ 面的高度是固定的,不随时间变化。

MM5 的静力和非静力模式的时间积分方案都采用时间分离方案。

MM5 具有 5 种侧边界条件,即:固定、松弛、时变、松弛入流/出流(非静力)或时变入流/出流(静力)及海绵(仅静力)等可供选择。至于顶部边界条件,在非静力模式中,选择顶部辐射边界条件,而在静力模式中,选择刚体上边界。

在 MM5 静力和非静力模式中,行星边界层(PBL)参数化方案有:无 PBL 通量、总体 PBL、高分辨 Blackada PBL、Burk、Thompson PBL 及 MRF PBL 等方案。大气辐射参数化方案有:无大气辐射影响、简单大气辐射冷却、云长波和短波辐射以及 CCM2 长波和短波辐射方案等。

(b)CALMET 模式

CALMET 模式是美国 EPA 推荐的由 Sigma Research Corporation(现在是 Earth Tech,Inc 的子公司)开发的空气质量扩散模式 Calpuff 模式中的气象模块。CALMET 模式是边界层风场诊断模式,利用质量守恒原理对风场进行诊断,是一个包括地形动力效应、地形阻塞效应参数化、差分最小化和一个用于陆面和水面边界条件的计算混合层高度、稳定度、海陆风环流、山谷风环流等的基于 3D 网格点的边界层气象学模型。CALMET 对客观分析场(MM5 预测输出气象要素、常规观测的地面与高空气象要素)进行地形动力学、倾斜流、热动力学等诊断分析。以发散最小化原理求解三维风场,根据湍流参数化方法,计算湍流尺度参数。

(3)模拟计算区设置

共设置了一个模拟计算区,计算区编号为 D02,范围为包括整个江西省的矩形区域(如图 5.1 所示)。

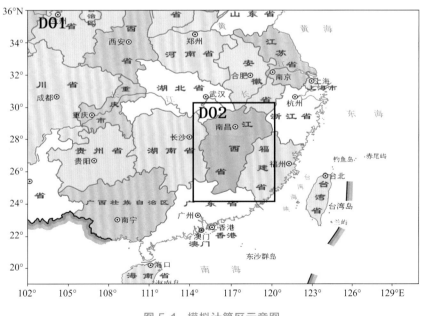

图 5.1　模拟计算区示意图

（4）模式网格设置

所选的模拟区域：中心点为(116.0°E,27.27°N)。

采用两重嵌套：第一重嵌套，东西方向格点数为103，南北方向格点数为73，格距为27 km；第二重嵌套，东西方向格点数为61，南北方向格点数为79，格距为9 km。垂直方向为33层。地图投影采用兰勃特投影方式。

物理过程选项：简单冰显示水汽方案；Grell积云参数化方案；MRF行星边界层方案；云(Dudhia)大气辐射方案；多层土壤模式；双向嵌套反馈采用带有平滑-反平滑器的1点反馈；上层边界条件采用上层辐射条件；侧边界条件采用松弛/流入流出侧边界条件。

（5）模拟方案

总体模拟时段为2009年6月至2010年5月，共12个月，逐天模拟，每次模拟36 h，从当天12:00开始模拟，模拟到下一天的24:00。

首先，用MM5模式进行9 km分辨率的模拟；然后，将MM5模拟的结果作为CALMET的初始场，进行降尺度诊断，得到1 km分辨率的风资源分布结果。

MM5模式运算时，其初始场和边界条件采用全球环流模式再分析资料NCEP的1°×1°经纬度网格资料；同时将中国气象局常规探空和地面观测资料加入模式客观分析同化模块。

（6）输入资料

地形地表资料：MM5两种嵌套地形资料均采用USGS25类30 s分辨率资料；Landuse数据需用30 s水平分辨率的USGS资料。CALMET采用SRTM3资料。

全球环流模式背景场资料：采用NCEP再分析资料，分辨率为1°×1°。

常规气象观测资料：采用3 h一次的地面场资料、一天两次的100～1000 hPa高空资料。

5.2.2 江西省风能资源月变化分布

就全省模拟结果来看(图5.2—图5.13)，江西省11月、2月、3月、4月、6月、8月风速和风功率密度较大，其他月份风速和风功率密度较小，全年中3月风速和风功率密度相对最大，12月风速和风功率密度相对最小，风速和风功率密度春、夏季总体较大，秋、冬季较小，尤其以秋末冬初最小。这与气象站统计资料基本一致：根据全省气象台站资料分析，江西省风能年变化不明显。风速和风功率密度最大值出现在3月，其次是7月，12月最小。风速和风功率密度春、夏季较大，秋、冬季较小，尤其以秋末冬初最小。

一般而言，江西省春、冬季受冷空气影响风能资源较大，夏、秋季主要受副热带高压控制，多为晴热高温天气，风能资源较少，但在短期数值模拟中风能资源的月、季变化与一般认识有所不同，这主要是与短期数值模拟期间大风天气过程出现的时间有关。短期数值模拟期间，江西省春季全省共出现了八次区域性的暴雨过程，强对流天气频繁发生。夏季6月、7月、8月受高空低槽、中低层切变线、低涡和地面气旋波、强西南气流及台风"莲花"和"莫拉克"外围的影响，测场内多次出现大范围的雷雨大风天气，使得观测年度夏季风力较强，风速较大。而秋冬季冷空气过程主要出现在11月上中旬及2月中下旬。风能资源的数值模拟结果月变化特征与观测期间大风出现的时间十分吻合。

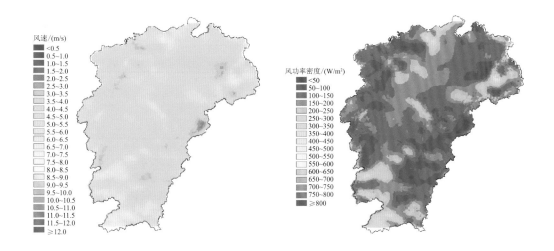

图 5.2　江西省 2010 年 1 月 70 m 年平均风速和风功率密度分布图

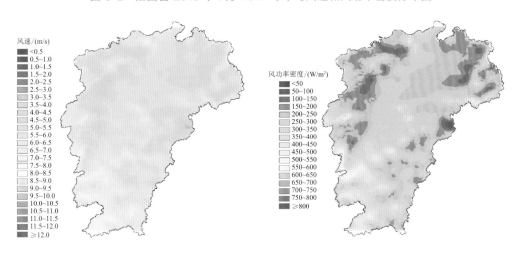

图 5.3　江西省 2010 年 2 月 70 m 年平均风速和风功率密度分布图

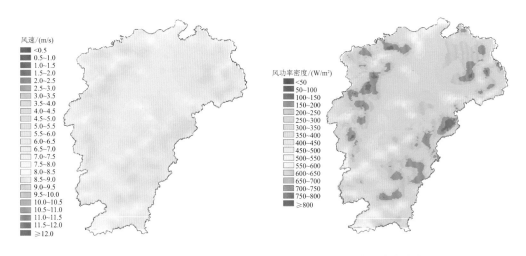

图 5.4　江西省 2010 年 3 月 70 m 年平均风速和风功率密度分布图

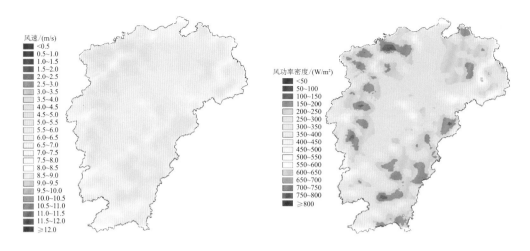

图 5.5　江西省 2010 年 4 月 70 m 年平均风速和风功率密度分布图

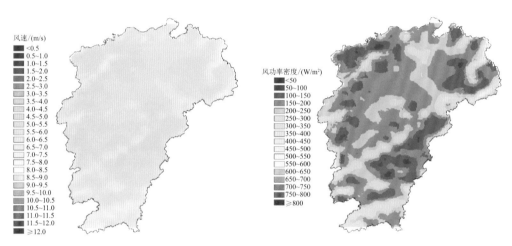

图 5.6　江西省 2010 年 5 月 70 m 年平均风速和风功率密度分布图

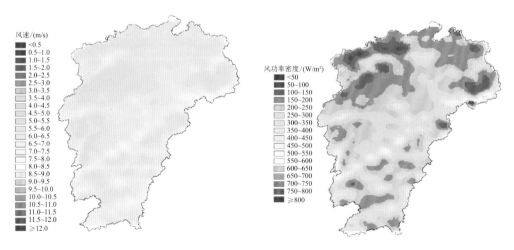

图 5.7　江西省 2009 年 6 月 70 m 年平均风速和风功率密度分布图

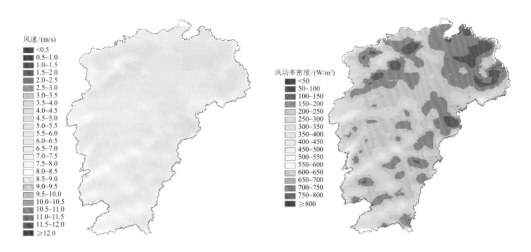

图 5.8 江西省 2009 年 7 月 70 m 年平均风速和风功率密度分布图

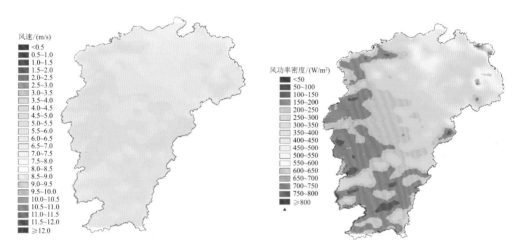

图 5.9 江西省 2009 年 8 月 70 m 年平均风速和风功率密度分布图

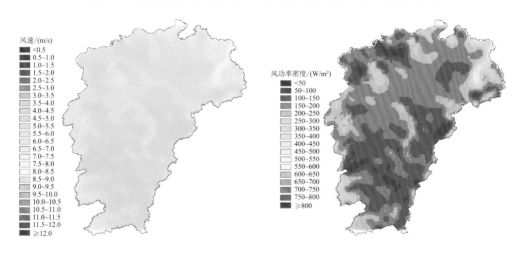

图 5.10 江西省 2009 年 9 月 70 m 年平均风速和风功率密度分布图

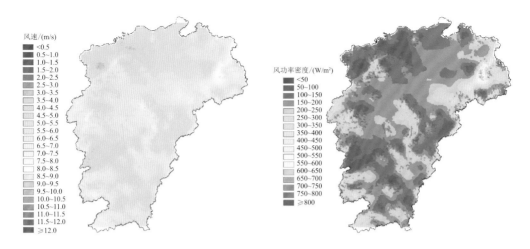

图 5.11 江西省 2009 年 10 月 70 m 年平均风速和风功率密度分布图

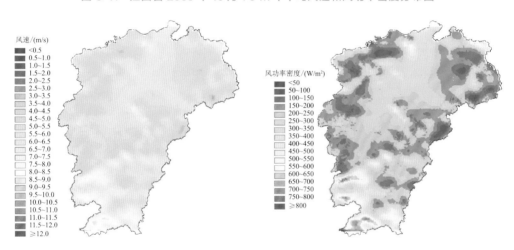

图 5.12 江西省 2009 年 11 月 70 m 年平均风速和风功率密度分布图

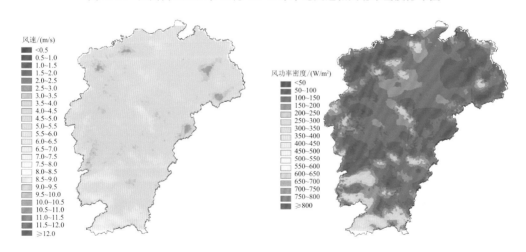

图 5.13 江西省 2009 年 12 月 70 m 年平均风速和风功率密度分布图

5.2.3 大风区风能资源特性分析

大风区代表点选择方法为:根据各风场实测风塔资料及其所在位置的地形特征,选取风能资源较为丰富的网格点作为大风区的代表,该网格点地形地貌能够代表该风场整体地形地貌特征。在数值模拟分布图上选取了4个具有风能资源开发潜力的地区,1号区位于长岭风场,2号区位于老爷庙风场,3号区位于射山,属于矶山湖风场,4号区位于吉山—松门山风场。图5.14为该地区50 m、70 m高度上全年风向玫瑰、风能玫瑰、风速频率和风能频率分布图。

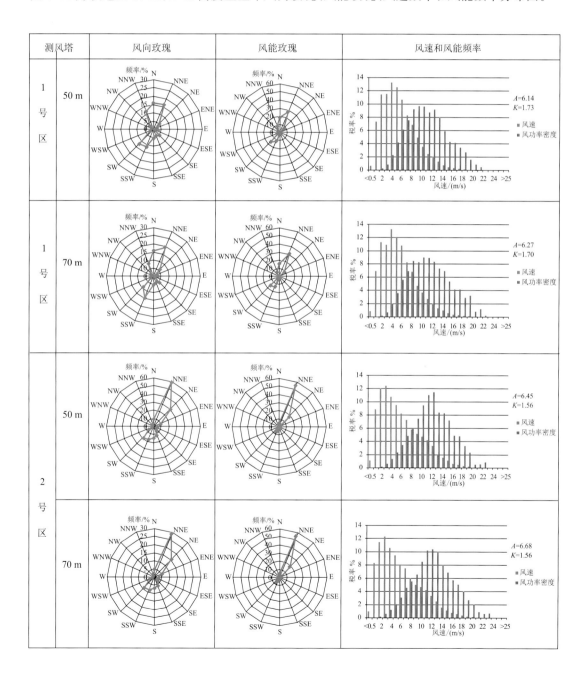

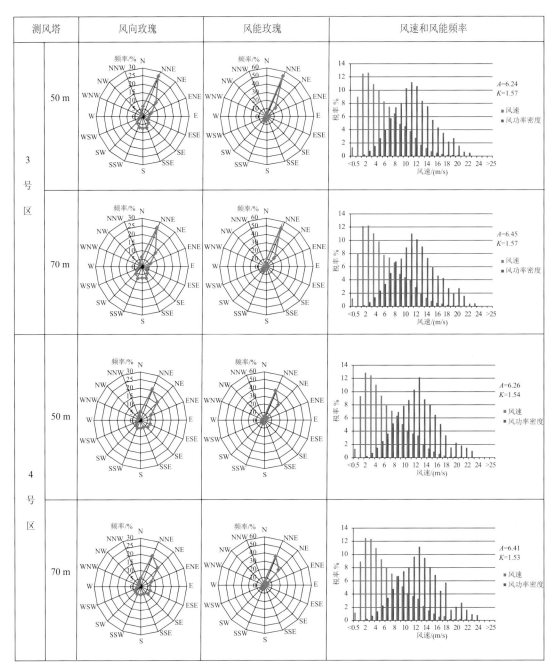

图 5.14　大风区 50 m 和 70 m 高度风向、风能玫瑰图及风速和风能频率分布图

（1）风向和风能密度分布

江西省夏季受西太平洋副热带高压控制和影响,盛行偏南风;冬季受西伯利亚和蒙古冷高压控制和影响,冷空气影响频繁带来偏北大风天气;江西省全年盛行偏北风。鄱阳湖北部从湖口到松门山一带为一狭长的狭管,狭管内主导风向与狭管走向一致,为偏北风。

从大风区模拟结果来看,各区 50 m 风向和风能分布与 70 m 基本一致,主导风向为偏北风,风能方向也以偏北方向为主,其风能方向一致性很好,与风向频率吻合也很好,该特征与鄱阳湖区测风塔评估结果基本一致。

1号区位于狭管中间,狭管湖体东侧,该地区主导风向为北风,西南风出现频率也较高,这是由于该地区位于狭管中部处,冬季偏北大风和夏季偏南风经过狭管风速产生均加速。该地区风向主要集中在NNW—NNE扇区和SW—SSW扇区。

2号区由于位于狭管中部,狭管湖体西侧,靠近狭管南部出口。冬季偏北大风经狭管加速产生偏北大风,该地区风向主要集中在N—NNE扇区,频率达到50%左右,该方向风能频率高达80%以上。

3号区、4号区由于位于狭管南部出口处,分别为于湖体的东侧和西侧,其南部是鄱阳湖主要水体,鄱阳湖主要水体大体呈西北向,冬季偏北大风经狭管加速产生偏北大风。

两个地区风向、风能密度分布一致,主导风向为偏北风,集中在NE—NNE扇区,频率达到40%左右,该方向风能频率高达65%以上。

(2)各等级风速及其风能频率分布

由图5.14可以看出,各大风区风速风功率密度等级呈偏态分布,与实测结果基本一致。各大风区频率较大的风速段大致集中在1~8 m/s,风能频率大致集中在6~14 m/s。根据一年实测资料分析得出:鄱阳湖区狮子山、矾山湖、灰山、吉山风场风速段大致集中在1~8 m/s,风能频率较高的风速段大致集中在6~12 m/s。模拟结果与实测值基本一致。

各大风区主导风向为偏北风,70 m高度层尺度因子为6.14~6.68,形状参数k为1.54~1.73。通过一年实测资料分析,鄱阳湖区各风场70 m高度层尺度因子c值在5.95~7.96,形状参数k值在1.61~2.29,尺度因子和形状参数与实测结果比较一致。

5.2.4　数值模拟合理性分析

江西省风速和风功率密度较大的地区主要集中在海拔较高的山地和鄱阳湖湖体北部狭管和南部湖体周围,经过实际观测和调研发现这些地区风速确实较其他地区明显偏大,数值模拟能够较好地模拟出江西省的大风区域。

通过对数值模拟的气候特征分析,发现江西省11月、2月、3月、4月、6月、8月风速和风功率密度较大,其他月份风速和风功率密度较小,全年中3月风速和风功率密度相对最大,12月风速和风功率密度相对最小,这与气象站统计资料基本一致且风能资源的数值模拟结果月变化特征与观测期间大风出现的时间十分吻合。鄱阳湖大风区主导风向为偏北风,风能方向也以偏北方向为主,大风区风向和风能密度分布及风速和风能频率分布与鄱阳湖区测风塔评估结果基本一致。

总之,模拟结果在风的空间分布趋势、风的季节变化特征等方面与实测结果吻合较好。

5.3 长期数值模拟

5.3.1 模拟方法

（1）模式系统

中国气象局风能资源数值模拟评估系统 WERAS/CMA。该系统包括天气背景分类与典型日筛选系统，中尺度模式 WRF 和复杂地形动力诊断模式 CALMET 以及风能资源地理信息系统(GIS)空间分析系统。

（2）评估方法

采用 30 a 历史气象观测资料，根据 850 hPa 高度上的风速、风向及大气边界层高度组合出 256 类天气型，然后从各天气类型中随机抽取 5% 的样本作为数值模拟的典型日，之后分别对每个典型日进行逐时数值模拟；最后根据各类天气型出现的频率对数值模拟结果进行加权平均得到风能资源的气候平均分布。

（3）模拟方案

总体模拟时段为 1979—2008 年，共 30 a。首先，用 WRF 模式进行 9 km 分辨率的模拟；然后，将 WRF 模拟的结果作为 CALMET 的初始场，进行降尺度诊断，得到 1 km 分辨率的风资源分布结果。

WRF 模式运算时，其初始场和边界条件采用全球环流模式再分析资料 NCEP 的 $1° \times 1°$ 经纬度网格资料；同时将常规气象站观测资料加入模式客观分析同化模块。

（4）输入资料

NCEP/NCAR 再分析资料和常规气象站观测资料。

90 m × 90 m 分辨率地形资料、地表利用和植被指数等资料。

5.3.2 数值模拟特征分析

（1）长期风能资源基本特征

图 5.15—图 5.17 分别为江西省 50 m、70 m 和 100 m 高度层年平均风速分布、年平均风功率密度分布。模拟结果表明，江西省风速和风功率密度较大的地区主要集中在海拔较高的山地和鄱阳湖湖体周围，年平均风速超过 5.5 m/s，而远离鄱阳湖湖道、地势低洼的区域年平均风速一般在 2.5～4.0 m/s，风速较小。数值模拟能够较好地模拟出江西省的大风区域(中国气象局，2014)。

鄱阳湖湖体周围 70 m 年平均风速为 5.0～6.0 m/s，风功率密度为 200～300 W/m²。鄱阳湖北部从狮子山到沙岭的水道两侧，一直延伸到鄱阳的莲湖附近，存在一个连续的大风区域，其分布和水面有相似性。庐山山地、玉山、零山山脉、罗霄山脉等海拔较高的山地地区 70 m 年平均风速超过 5.5 m/s，风功率密度大于 350 W/m²，高山山体存在很强的风速梯度,沿山体到平地和湖面风速迅速减小。

数值模拟显示,鄱阳湖区风速和风功率密度随高度的增加而增大,高山山地部分地区风速和风功率密度随高度的增加而减小。在实际观测中,鄱阳湖区风速和风功率密度均随高度的增加而增大,山地随高度增加风速和风功率密度增加较小,有时出现倒梯度的现象,与数值模拟结果较为一致。

(2)长期风能资源季节变化

由图5.18—图5.29显示,江西省鄱阳湖区和赣南山地春、冬季风速和风功率密度较大,夏、秋季较小。江西省春、冬季冷空气活跃,寒潮天气频繁发生,风力强劲,出现风速的高峰期,夏、秋季多受副热带高压控制,天气稳定,风力较弱,数值模拟的长期风能资源季节变化与江西省气候特征基本一致。

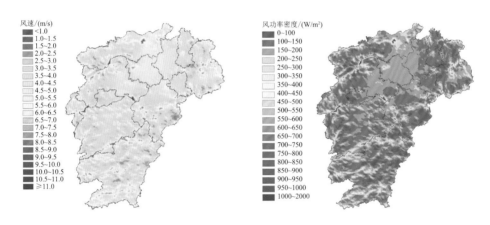

图 5.15　江西省 50 m 高度年平均风速和风功率密度分布图

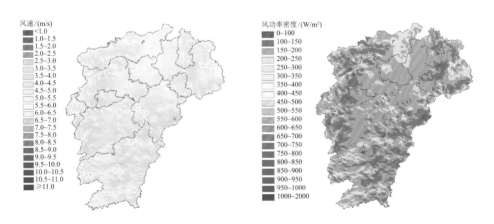

图 5.16　江西省 70 m 高度年平均风速和平均风功率密度分布图

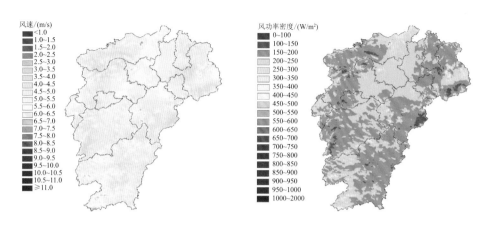

图 5.17　江西省 100 m 高度年平均风速和风功率密度分布图

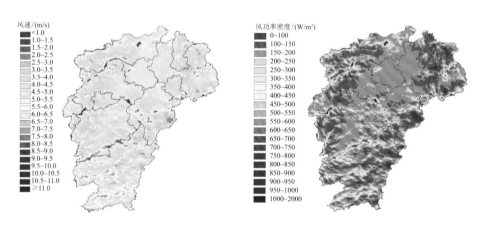

图 5.18　江西省 50 m 高度春季平均风速分布图和风功率密度分布图

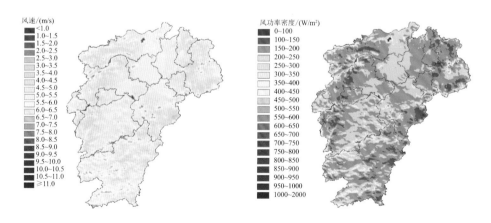

图 5.19　江西省 70 m 高度春季平均风速分布图和风功率密度分布图

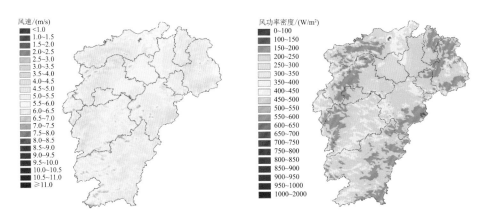

图 5.20 江西省 100 m 高度春季平均风速和风功率密度分布图

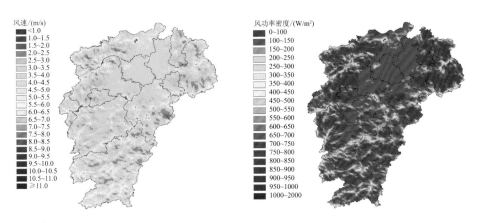

图 5.21 江西省 50 m 高度夏季平均风速分布和风功率密度分布图

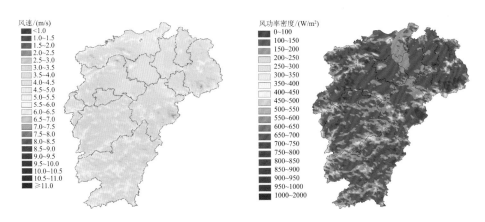

图 5.22 江西省 70 m 高度夏季平均风速和风功率密度分布图

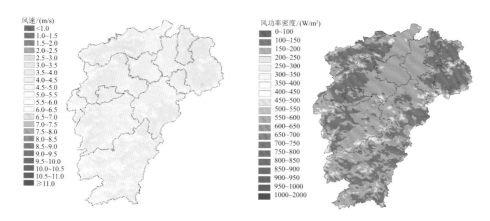

图 5.23　江西省 100 m 高度夏季平均风速和风功率密度分布图

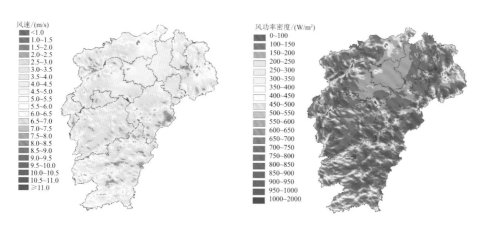

图 5.24　江西省 50 m 高度秋季平均风速和风功率密度分布图

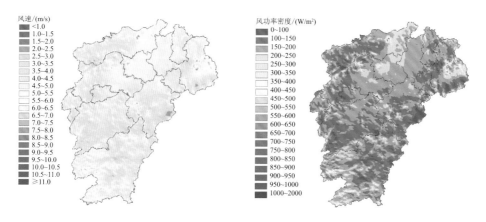

图 5.25　江西省 70 m 高度秋季平均风速和风功率密度分布图

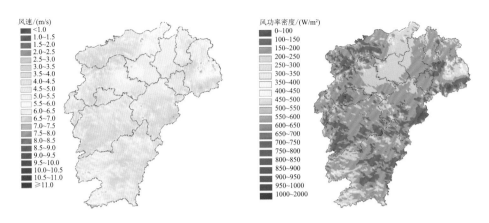

图 5.26　江西省 100 m 高度秋季平均风速和风功率密度分布图

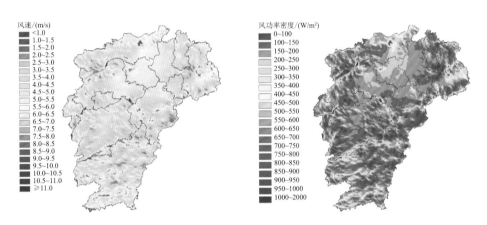

图 5.27　江西省 50 m 高度冬季平均风速和风功率密度分布图

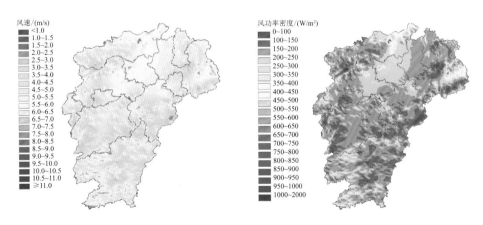

图 5.28　江西省 70 m 高度冬季平均风速和风功率密度分布图

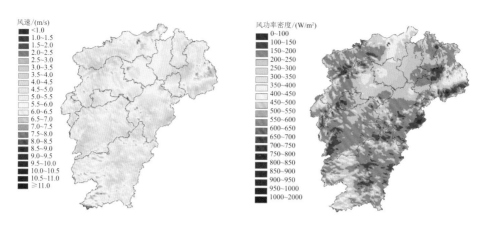

图 5.29 江西省 100 m 高度冬季平均风速和风功率密度分布图

(3)大风区长期风能资源特性分析

根据短期数值模拟中所描述的大风区代表点选取方法,在长期数值模拟分布图上选取 2 个具有风能资源开发潜力的地区,1 号区位于 116.11°E,29.65°N,鄱阳湖狭管入口处,靠近狮子山风场。2 号区位于 116.07°E,29.37°N,鄱阳湖狭管南部出口处,靠近矶山和吉山风场。

图 5.30 为鄱阳湖区 70 m 高度上全年风能玫瑰分布图,图中 1、2 分别代表 1 号区、2 号区,不同颜色箭头代表平均风功率密度前 3 大的风向及其百分率,图例中红色、蓝色、玫红色箭头上 1、2、3 分别代表第一、第二和第三。

图 5.31 为 2 个大风区代表点 70 m 高度上全年风向玫瑰、风能玫瑰、风速频率和风能频率分布图。

(a)风向和风能密度分布

由图 5.30 可知,总体来说,整个鄱阳湖区风能方向以偏北方向为主。1 号区与 2 号区主导风向为偏北风,风能方向也以偏北方向为主,其风能方向一致性很好,与风向频率吻合也很好,该特征与鄱阳湖区测风塔评估结果基本一致。

1 号区位于狭管入口处,庐山东侧,该地区主导风向为东北风,由于该地区位于狭管的入口处,冬季偏北大风加速效应不强,但夏季偏南风从南部经过狭管加速作用使该风场偏南风出现频率较高,风向主要集中在 N—NE 扇区和 SSE—SSW 扇区。

2 号区由于位于狭管南部出口西侧,其南部是鄱阳湖主要水体,冬季偏北大风经狭管加速产生偏北大风,风向主要集中在 NE—NNE 扇区,频率达到 50%左右,该方向风能频率高达 70%以上。

(b)各等级风速及其风能频率分布

由图 5.31 可以看出,1 号区与 2 号区风速风功率密度等级呈偏态分布,与实测结果基本一致。1 号区和 2 号区频率较大的风速段大致集中在 2~8 m/s,风能频率大致集中在 6~14 m/s。

1 号区与 2 号区主导风向为偏北风 70 m 高度层尺度因子分别为 7.4 和 9.0,形状参数 k 分别为 1.74 和 1.95。

(4)长期数值模拟合理性分析

江西省风能资源的形成主要是受气候、地形、地貌三者共同影响,除冷空气活动、热带气

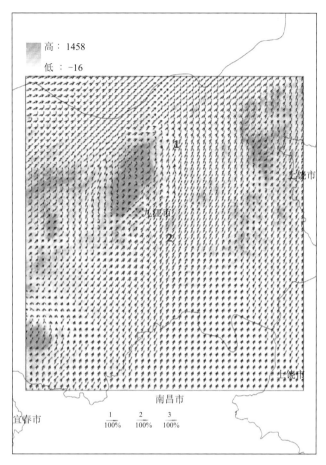

图 5.30　大风区位置示意图

旋活动、局地环流造成大风天气外,局地地形的"狭管作用"以及地形抬升作用使得风速增大。因此,江西省风能资源主要分布在鄱阳湖湖体周围及高海拔山地。

长期数值模拟结果表明:江西省风速和风功率密度较大的地区主要集中在海拔较高的山地和鄱阳湖湖体周围,而远离鄱阳湖湖道、地势低洼的区域年平均风速一般较小。数值模拟能够较好地模拟出江西省的大风区域。

通过对数值模拟的气候特征分析得出:江西省鄱阳湖区和赣南山地春、冬季风速和风功率密度较大,夏、秋季较小。江西省春冬季冷空气活跃,寒潮天气频繁发生,风力较强劲,出现风速的高峰期。夏、秋季多受副热带高压控制,天气稳定,风力较弱,数值模拟的长期风能资源季节变化与江西省气候特征基本一致。鄱阳湖大风区主导风向为偏北风,风能方向也以偏北方向为主,大风区的风向和风能密度分布及风速和风能频率分布与鄱阳湖区测风塔评估结果基本一致。

总之,与短期数值模拟效果一样,长期模拟结果在风的空间分布趋势、风的季节变化特征上与实际情况吻合较好,风向和风能的密度和频率分布与年度实测结果吻合较好。

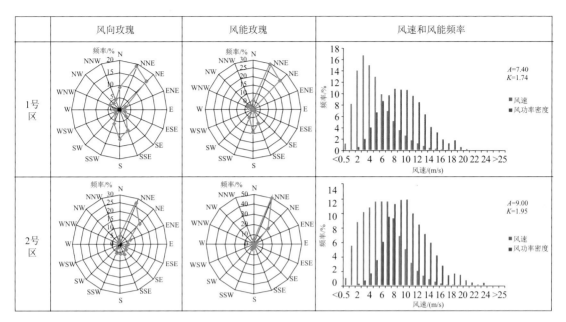

	风向玫瑰	风能玫瑰	风速和风能频率
1号区			
2号区			

图 5.31 大风区 50 m 和 70 m 高度风向、风能玫瑰图及风速和风能频率分布图

5.4 风能资源技术开发量评估方法

采用中国气象局风能资源技术开发量评估方法(朱蓉 等,2021):在长期风能资源数值模拟结果的基础上,采用 GIS 空间分析方法,剔除不可开发风电的 14 类区域,并根据部分可利用区域的植被类型及地形坡度特征进行比率换算,最后根据江西省地形分布图,得到江西省风能资源技术开发量和开发面积。

江西陆上风能资源不可开发区域:(1)年平均风速小于一定等级的区域,如年平均风速<4.8 m/s;(2)海拔高于 3500 m 的区域;(3)地形坡度大于 30% 的区域;(4)水体;(5)湿地;(6)沼泽地;(7)沙漠;(8)自然保护区;(9)历史遗迹;(10)国家公园;(11)矿产覆盖区;(12)城市及居民区;(13)城市周围 3 km 的缓冲区;(14)基本耕地。

部分可利用的区域:(1)植被覆盖地区的风电可利用率:草地 80%,森林 20%,灌木丛65%;(2)地形坡度小于或等于 30% 的地区。

不同的地形坡度和植被覆盖类型设置不同的土地可利用率见表 5.1。

根据年平均风速和土地可利用率联合判定可利用风能资源等级。在可利用风能资源等级划分标准(表 5.2)中,将土地可利用率从 0 到 1 等间距划分为 5 个区;将 80 m 高度年平均风速划分为 5 档:4.8~5.8 m/s,5.8~6.5 m/s,6.5~7.0 m/s,7.0~7.5 m/s,≥7.5 m/s。年平均风速在 4.8~5.8 m/s 的风能资源为低风速风能资源,低风速风能资源是由于低风速风电机组的研制成功,使原本被认为无价值的低风速资源也可以开发利用。可利用风能资源

表 5.1　风能资源可开发利用条件的 GIS 分析原则

限制条件		土地可利用率
地形坡度(a)/%	$a \leqslant 3$	1
	$3 < a \leqslant 6$	0.5
	$6 < a \leqslant 30$	0.3
	$a > 30$	0
土地利用类型	自然保护区	0
	水体	0
	草地	0.8
	灌木	0.65
	森林	0.2
	城市及周边 3km 范围	0

划分为 5 个等级:非常丰富、丰富、较丰富、一般和低风速,可利用风能资源等级为丰富和非常丰富的含义是年平均风速大且土地可利用率高,适合大规模风电开发;可利用风能资源等级为一般则表明年平均风速刚好达到可利用水平或者由于地形复杂等原因导致土地可利用率较低。低风速区年平均风速较小,需要选择高轮毂、长叶片的低风速风电机组。

表 5.2　陆上可利用风能资源等级划分标准

土利可利用率	陆上 80 m 高度年平均风速 V/(m/s)				
	$V \geqslant 7.5$	$7 \leqslant V < 7.5$	$6.5 \leqslant V < 7$	$5.8 \leqslant V < 6.5$	$4.8 \leqslant V < 5.8$
0.8~1	非常丰富	非常丰富	丰富	丰富	低风速
0.6~0.8	非常丰富	丰富	较丰富	较丰富	低风速
0.4~0.6	丰富	较丰富	较丰富	一般	低风速
0.2~0.4	较丰富	一般	一般	一般	低风速
0.1~0.2	一般				

为充分利用风能资源,在评估风能资源技术可开发量时,采用适用于不同风速等级的风电机组计算风能资源技术开发量。采用新疆金风机型参数进行计算,陆上选用适用不同风速区间的 4 种机型。表 5.3 列出了陆上不同的年平均风速区间适用风电机组参数和装机容量系数。假设风电机组的排布方式是:顺风向间距 8 倍叶轮直径;横风向 5 倍叶轮直径。对于陆上各个年平均风速区间根据其适用的风电机组额定功率及其可利用土地面积,即可利用式(5.1)算出装机容量系数:

$$C_i = \frac{P_i}{5D \times 8D} \tag{5.1}$$

式中,C_i:可利用风能资源等级 i 的装机容量系数;P_i、D:适用于陆上某个年平均风速区间的风电机组的额定功率和叶轮直径。根据陆上的各个年平均风速区间所拥有的可利用面积及其装机容量系数,按照公式(5.2)可分别计算 80 m、100 m、120 m 和 140 m 高度上的风能资源技术开发总量：

$$TP = \sum_{i=1}^{n} S_i C_i \qquad (5.2)$$

式中：TP 为陆地风能资源技术开发总量；n 为年平均风速区间的个数；S_i 为陆上某个年平均风速区间所拥有的可利用面积。

表 5.3 陆上可利用风能资源等级划分标准

年平均风速 V/(m/s)	风电机组型号	叶轮直径/m	额定功率/MW	装机容量系数/(MW/km)
4.8≤V<6.5	GW131-2.2	131	2.2	3.25
6.5≤V<7	GW121-2.0	121	2.0	3.47
7≤V<7.5	GW140-3.4	140	3.4	4.34
V≥7.5	GW109-2.5	109	2.5	5.26

5.5 山地风能资源数值模拟优化

5.5.1 数值模式系统

采用中尺度模式 WRF 和微尺度模块 CALMET。

5.5.2 确定山地复杂地形中尺度数值模式边界层参数化方案

通过比选 WRF 模式 4 个边界层参数化方案（MRF、MYJ、MYNN2.5 和 YSU）、2 个微物理过程方案（WSM3 和 WSM6）和 2 个陆面过程参数化方案（Noah 和 RUC）等多种模式参数化方案对山地代表区域进行逐小时风场模拟试验，并与测风塔实测风速进行比对检验，定量评价各种参数化方案对不同地区、不同季节、不同风速段的预报效果，给出适于江西山地风场模拟的中尺度数值模式参数化优选方案（姚琳 等，2018b）。

为检验 WRF 模式在山地不同区域和不同时段模拟效果，在江西省风能资源富集的山地选择 3 处代表性的测点（图 5.32），分别为：1 号测风塔位于定南县境西南部岽美山，2 号和 3 号测风塔位于兴国县北部丘陵山区大水山一带，3 座测风塔周围均无遮障并暴露于强烈高空风中，测风塔海拔高度分别为 925 m、879 m 和 831 m。

（1）试验设计

①模式采用 WRF 中尺度模式，初始场和模拟场是 FNL 数据，分辨率为 1°×1°，6 h 一次。地形数据分别为美国地质勘探局（USGS）的全球 2′、1′ 和 30″ 的地形数据。

②模拟方案：模拟了 2016 年 7 月和 2017 年 1 月江西 3 座测风塔逐时风速风向，对各高度层模拟结果与测风塔数据进行比对分析。

模拟区域的中心点位于 25.6°N，115.2°E，27 km×9 km×3 km 分辨率的 3 层嵌套网格，网格数分别为：52×55,82×91,91×121，三重嵌套网格垂直方向分为不等距 30 层，模式垂直高度为 19 km。设置六种参数化方案(表 5.4)。模拟未来 36 h 风场,起止时间为每日 12 时(世界时)至第 3 日 00 时,模拟结果取每天模拟的后 24 h 逐时输出结果。

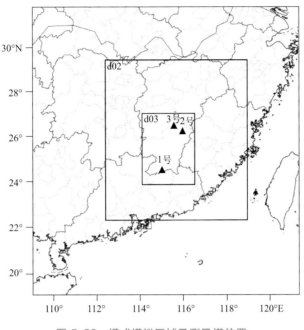

图 5.32　模式模拟区域及测风塔位置

表 5.4　模式参数设计方案

组合编号	边界层	微物理	陆面过程	长波辐射	短波辐射	积云
P01	MRF	WSM3	Noah	RRTM	Dudhin	D01、D02:Kain-Fritsch;D03:无
P02	YSU	WSM3	Noah	RRTM	Dudhin	D01、D02:Kain-Fritsch;D03:无
P03	MYNN2.5	WSM3	Noah	RRTM	Dudhin	D01、D02:Kain-Fritsch;D03:无
P04	MRF	WSM6	RUC	RRTM	Dudhin	D01、D02:Kain-Fritsch;D03:无
P05	MYJ	WSM6	RUC	RRTM	Dudhin	D01、D02:Kain-Fritsch;D03:无
P06	MYNN2.5	WSM6	RUC	RRTM	Dudhin	D01、D02:Kain-Fritsch;D03:无

(2)检验结果

图 5.33、图 5.34 给出了江西境内山地风场中 3 座测风塔 70 m 高度层 2017 年 1 月、7 月逐小时模拟风速与实测风速的相关性、均方根误差和绝对平均偏差。不同的参数化组合对模拟结果影响较大,1 月 3 座测风塔模拟结果与实测相关系数分别介于 0.56~0.74 和 0.56~0.72,均方根误差分别介于 2.0~2.7 m/s 和 2.1~2.7 m/s,绝对平均偏差均介于 1.5~2.3 m/s,对比发现,第 1 组模拟结果相关系数更高,均方根误差及绝对平均偏差略小于第 4 组。最差为第 5 组参数化方案组合,相关系数介于 0.44~0.70,均方根误差介于 2.6~2.8 m/s,绝对平均偏差介于 1.9~2.3 m/s。7 月第 1 组参数化方案组合相关系数介于 0.74~0.83,均方根误差介于 3.4~4.7 m/s,绝对平均偏差介于 2.6~3.3 m/s。第 4 组参数化方案组合相关系数介于 0.74~0.82,均方根误差介于 3.3~4.6 m/s,绝对平均偏差介于 2.6~

3.7 m/s。最差为第 5 组,相关系数介于 0.72～0.78,均方根误差介于 4.1～5.2 m/s,绝对平均偏差介于 3.3～4.1 m/s。

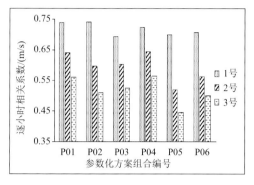

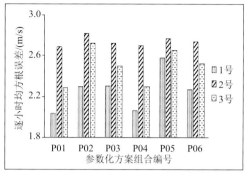

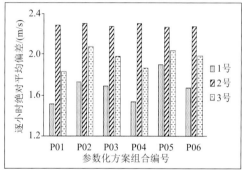

图 5.33　山地风场 3 座测风塔 70 m 高度层 2017 年 1 月逐小时模拟效果统计图

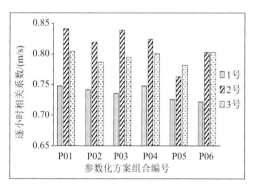

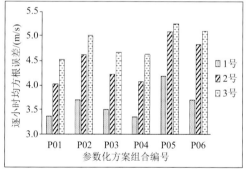

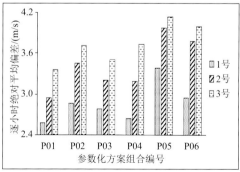

图 5.34　山地风场 3 座测风塔 70 m 高度层 2016 年 7 月逐小时模拟效果统计图

综合以上各组参数化方案对不同月份不同风塔的模拟结果,对于山地风场而言,采用MRF 边界层方案+WSM3 微物理过程方案和 Noah 陆面过程方案的第 1 组参数化方案为最优组合。

5.5.3 确定山地复杂地形微尺度数值模式边界层参数化方案

CALMET 模式的风场选项参数有地形动力学效应、下坡气流效应、地形阻塞效应和O'Brien 垂直速度调整等,通过比选 CALMET 模式 5 组参数化方案对山地代表区域逐小时风场模拟效果,初步给出适于山地风场模拟的微尺度数值模式参数化优选方案(姚琳 等,2020)。

(1)试验设计

CALMET 模式是中尺度与小尺度结合的模式系统,利用中尺度数值模式 WRF 模式最内层格点输出结果(3 km×3 km)作为 CALMET 的背景驱动场(初始猜测场),通过进一步的动力降尺度得到分辨率为 0.5 km×0.5 km 的诊断风场。CALMET 模式水平网格数为200×200,网格大小为 0.5 km×0.5 km,垂直分为 11 层,地形资料采用水平分辨率 3″的SRTM3 资料,下垫面类型资料为 30″水平分辨率的 USGS 资料。

对 CALMET 模式设计了 5 组参数化方案(表 5.5)。

表 5.5　CALMET 模式参数化方案

编号	地形动力	O'Brien 垂直速度	下坡气流效应	Froude 数
1	关	关	关	开
2	关	关	开	开
3	开	关	开	开
4	关	开	开	开
5	关	开	开	关

(2)检验结果

①全风速模拟效果对比

1 月模拟效果优于过程天气较多的 7 月,特别是表现在 2 号塔模拟效果中,1 月各高度层的均方根误差和平均绝对误差均小于 7 月。各组方案检验结果上看,第 3 组模拟效果最差,说明 CALMET 模式采用地形动力学时,地形强迫产生的垂直速度对水平风场调整不够充分,会导致模拟结果误差较大,特别是过程天气较多的 7 月。为了防止模式格点的高层产生异常的大垂直风速,通过采用 O'Brien 对垂直风速进行调整强迫模式模拟区域顶层的垂直风速为 0 m/s,进而让垂直风速更合理的对水平风速进行调整,通过比对方案检验结果第5 组在均方根误差和平均绝对误差上均为最小,为最优方案,即动力降尺度 CALMET 模式对山地风场风速模拟时,不宜采用地形动力效应参数,采用下坡气流效应调整对 50 m 以上高度层风场影响较小,关闭 Froude 数调整以及采用 O'Brien 垂直风速调整更利于提高对山地风场的模拟效果(图 5.35)。

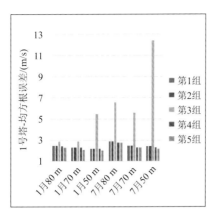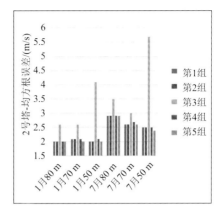

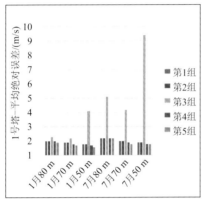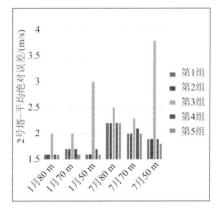

图 5.35　测风塔逐小时风速模拟效果检验结果

②风向模拟效果对比

利用 CALMET 模式各组参数化方案模拟 2017 年 1 月和 2016 年 7 月山地风场 1 号测风塔逐时风向，通过风向统计结果得到各月风向玫瑰对比图（图 5.36），由图可知，1 月各组模拟结果主导风向均与实测主导风向一致，第 1 组、2 组、4 组和 5 组主导风向频率较实测值大 3%～13%，第 3 组方案组主导风向频率较实测值偏小约 5%，7 月各组模拟结果主导风向均与实测主导风向有一个方位的偏差，主导风频偏大 16%～24%，总体上各组方案均能较好的模拟出各测风塔的主导风向。

总体来说：第 5 组方案为最优方案，即动力降尺度 CALMET 模式对山地风场风速模拟时，不宜采用地形动力效应参数，采用下坡气流效应调整对 50 m 以上高度层风场影响较小，关闭 Froude 数调整以及采用 O'Brien 垂直风速调整更利于提高对山地风场的模拟效果。

5.5.4　微尺度数值模式耦合中尺度数值模式对风能模拟的改进

选取了 2 号、3 号 2 座测风塔 2016 年 7 月和 11 月、2017 年 1 月和 4 月逐小时实测资料对最优参数化方案 WRF 数值模式的模拟结果以及最优参数化方案 WRF 数值模式耦合最优方案的 CALMET 微尺度模式模拟结果进行效果评估（表 5.6）。

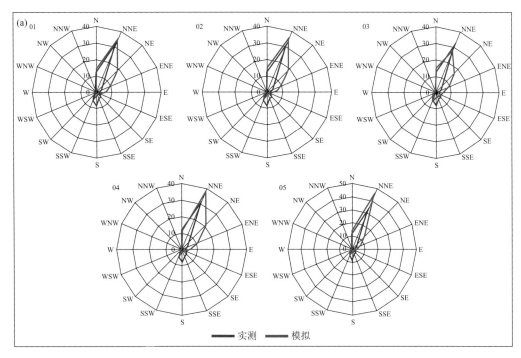

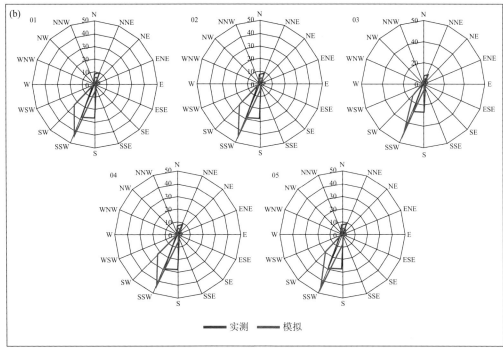

图 5.36　1号测风塔 80 m 高度层 1月(a)、7月(b)风向玫瑰图

表 5.6　WRF 模式和 CALMET 模式逐小时风速模拟效果统计

月份	WRF 模式		CALMET 模式	
	R	RMSE/(m/s)	R	RMSE/(m/s)
1	0.55/0.54	2.0/1.8	0.51/0.46	1.6/1.6
4	0.74/0.72	2.5/2.9	0.75/0.70	1.6/1.7
5	0.84/0.82	3.1/3.8	0.80/0.80	1.8/1.8
11	0.73/0.70	1.5/1.7	0.73/0.69	1.5/1.5
平均	0.72/0.70	2.3/2.6	0.70/0.66	1.6/1.7

注：斜线前为 70 m 高度层数据，斜线后为 10 m 高度层数据。

总体来说：WRF 尺度模式耦合微尺度 CALMET 后，风速模拟效果有所改进。这主要由于 CALMET 模式分辨率更高，CALMET 模式中的风场选项参数会根据地形对初始猜测风场（WRF 模拟结果）进行进一步的风分量动力学调整，因此 WRF 耦合 CALMET 模式结果比 WRF 模式误差结果小。由于 CALMET 模式降尺度对地形影响的调整仍有偏差导致模拟结果比实测值小（姚琳 等，2018a）。

5.5.5　山地复杂地形风电场精细化风能模拟技术

利用分析研究之后所建立的山地复杂地形最优的 WRF 中尺度数值模式参数化方案（MRF 边界层方案＋WSM3 微物理过程方案和 Noah 陆面过程方案）采用气象预报提供的大背景气象场作为输入初始场，开展中尺度数值模拟，再利用研究后所得的最优的 CALMET 微尺度数值模式方案（地形动力：关；O'Brien 垂直速度：开；下坡气流效应：开；Froude 数：关）将模拟结果降尺度到风电场。对 2 号、3 号两座测风塔进行 2016 年 6 月至 2017 年 5 月整一年的逐小时风资源模拟。

（1）指标检验

表 5.7 给出了 2 座测风塔连续一年的逐小时风速模拟结果，2 号、3 号测风塔全年模拟结果相关系数分别介于 0.62～0.79 和 0.53～0.81，均方根误差分别介于 2.0～2.7 m/s 和 2.1～2.7 m/s，绝对平均偏差均介于 1.6～2.0 m/s。对山地风场整一年的各层风速模拟年均相关系数为 0.69，年均均方根误差和绝对平均偏差分别为 2.3 m/s 和 1.8 m/s。

表 5.7　山地风场测风塔逐小时风速模拟效果检验结果

塔号	高度层	春季			夏季			秋季			冬季			全年		
		R	RMSE	MAE	R	RMSE	MAE	R	RMSE	MAE	R	RMSE	MAE	R	RMSE	MAE
1 号	80	0.64	2.7	1.9	0.79	2.5	1.9	0.74	2.6	1.9	0.65	2.5	2.0	0.70	2.6	1.9
	70	0.72	2.3	1.7	0.79	2.3	1.8	0.71	2.5	1.8	0.62	2.5	1.9	0.71	2.4	1.8
	50	0.71	2.0	1.6	0.78	2.2	1.8	0.73	2.3	1.8	0.69	2.2	1.7	0.73	2.2	1.7

续表

塔号	高度层	春季			夏季			秋季			冬季			全年		
		R	RMSE	MAE	R	RMSE	MAE	R	RMSE	MAE	R	RMSE	MAE	R	RMSE	MAE
2号	80	0.66	2.2	1.9	0.81	2.7	2.0	0.63	2.3	1.7	0.57	2.3	1.8	0.66	2.4	1.9
	70	0.65	2.4	1.8	0.79	2.4	1.8	0.63	2.2	1.6	0.55	2.2	1.8	0.66	2.3	1.7
	50	0.67	2.2	1.7	0.78	2.2	1.7	0.62	2.1	1.6	0.53	2.2	1.7	0.65	2.2	1.7
平均		0.67	2.3	1.8	0.79	2.4	1.8	0.68	2.3	1.7	0.60	2.3	1.8	0.69	2.3	1.8

从总体平均结果来看,模式能较好地模拟出山地风场测风塔逐时风速,四季模拟效果差别较小,夏季相关系数优于其他季节,秋季误差较其他季节最小。

(2)风速模拟效果检验

2号塔实测80 m、70 m和50 m年均风速分别为6.4 m/s、6.2 m/s和6.0 m/s,模拟值年均风速分别为6.3 m/s、6.2 m/s和5.9 m/s,3号塔实测80 m、70 m和50 m年均风速分别为5.6 m/s、5.6 m/s和5.5 m/s,模拟值年均风速分别为5.8 m/s、5.9 m/s和5.5 m/s。

图5.37给出了2座测风塔80 m高度层实测与模拟风速月均变化,由图可知,模式对测风塔的模拟结果与实测值风速月均变化趋势基本一致,特别是2号测风塔风速较大月份4月、6月、7月和较小月份5月、8月,以及3号测风塔风速较大月份6月、7月和较小月份5月、8月均有很好的模拟效果。

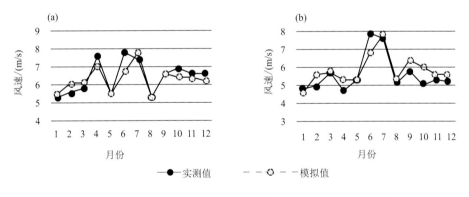

图5.37 2号(a)、3号(b)测风塔80 m高度层风速月均变化

图5.38给出了2座测风塔80 m高度层实测值和模拟值风速段分布,由图可知,CALMET模式对风速段分布的模拟效果与实测基本一致,2号测风塔实测值和模拟值风速分布均主要集中在3~9 m/s,但在风速峰值区模拟值概率偏大且与实测值差别较大,有2%~4%的偏差。3号测风塔实测值和模拟值风速分布均主要集中在2~8 m/s,在风速峰值区实测值偏大且与模拟值概率差别较大,有2%~5%的偏差。

(3)风向检验

图5.39给出了各测风塔模式模拟及实测风向玫瑰图,由图可知模拟与实测结果主导风向及风能分布有一定的差异,约有一个方位的偏差,1号塔实测值主导风向为N方向,模拟

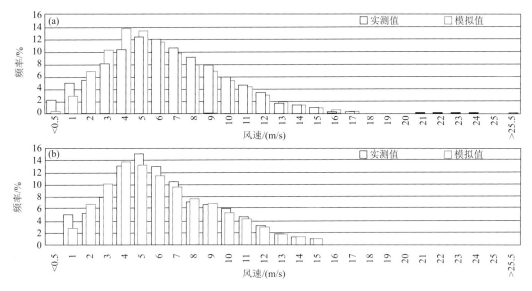

图 5.38　2 号(a)、3 号(b)测风塔全年 80 m 高度层风速分布

结果主导风向为 NNE 方向,频率上约有 7% 的偏差,2 号塔实测值主导风向为 SSW 方向,模拟结果主导风向为 S 方向,频率上约有 8% 的偏差。

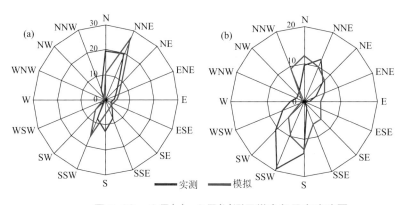

图 5.39　2 号(a)、3 号(b)测风塔全年风向玫瑰图

（4）结论

根据对 2 号、3 号两座测风塔进行 2016 年 6 月至 2017 年 5 月整一年的逐小时风资源模拟和检验评估得出:建立的山地复杂地形风电场精细化风能模拟技术,能较好地模拟出山地风场测风塔逐时风速,全年四个季节模拟指标效果差别较小,夏季相关系数优于其他季节,秋季误差较其他季节最小,不仅能较好地模拟出风速及风能密度月均变化,对全年风速段分布模拟也与实测值较为一致,在峰值区分布概率有 2%～5% 的偏差。风向分布方面,能较好地模拟出实际测风塔全年主导风向,但模拟与实测结果主导风向分布约有一个方位的偏差,主导风向频率有 7%～8% 的偏差。总体模拟效果较好,各高度层整个时段风速相对误差为 5.36% 以下。

第 6 章
风能资源开发气象灾害风险评估

6.1 积冰影响分析

积冰是雨凇、雾凇及二者混合体凝附或湿雪冻结在物体上形成的,积冰在增长过程中还可能有几种积冰交替积聚而形成混合积冰。

6.1.1 积冰的危害

对风电场来说,积冰是威胁风电场安全运行的重要因素。当风机叶片表面大量积冰时,会造成叶片负载增加,同时使粗糙度增大,从而降低翼型的气动性能,影响到机组的正常运行。另外,风力机常规测风仪中的风杯被冻结,可导致测风数据不准,影响风力机正常发电。风标被冻结则将影响风力机主动偏航。

积冰对输电线路也有很大的危害。电线积冰不仅增加了导线、杆塔等的荷载,而且扩大了线路的受风面积,使得风荷载增加,严重时会导致"跳头"、扭转甚至拉断或结构倒塌等事故。江西省发生了大量因积冰而导致电线、电杆倒塌的事件。因连续的雨雪冰冻天气,2008年2月,萍乡市倒塌电线杆2.12万余杆;永新县电力设施严重受损,10 kV线路倒杆178根,覆冰断线150处,被树压倒线路426处,3条长达30 km的35 kV线路断线,烧毁配电变压器5台、低压计量箱5台,因线路覆冰目前无法恢复的35 kV线路3条,10 kV线路5条。由于持续的冰冻天气,安福县线路倒断杆594基,线路断路2721处,停电配电台区833个,损坏配变电器9台,超过50 km的传输和电力线路受损等。

因此,在风电场、输电线路规划设计中,积冰是一个很重要的气象参数。

6.1.2 地理分布特征

由图6.1可知,江西省积冰日数由北向南递减,高山积冰日数明显高于其他地区。江西省赣南地区年均积冰日数较少,仅为5~10 d,赣北年均积冰日数为20~30 d,其他大部分地区积冰日数为10~20 d。其中,庐山(海拔1164.5 m)年均积冰日数约为77 d,井冈山(海拔843 m)年均积冰日数约为33 d。

由于赣南地区气象站,海拔较低,虽然根据气象站所记录的积冰资料来看,赣南地区积冰日数较少,但赣南高山由于海拔较高,其积冰日数应明显多于气象站资料,应参照高山气象站记录(庐山、井冈山)并按照适当的方法估算其积冰时间。

6.1.3 积冰的季节变化

统计1959—2009年江西省全省88个气象站各月出现的年平均积冰日数可知,江西省积冰出现日数基本呈U型变化,一般从11月开始出现,4月基本结束。1月、2月为积冰高发月份。1月发生日数达到全年中的最高值,全省各气象站年均结冰日数总和达到650 d左右。

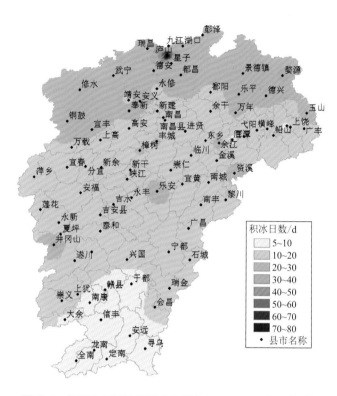

图 6.1　江西省年积冰日数分布图(1959—2009 年平均值)

6.1.4　积冰厚度、重量的分布特征

（1）积冰厚度的分布特征

统计 1959—2009 年间有积冰记录的气象站的极端最大积冰厚度，得出表 6.1、表 6.2、图 6.2，由图 6.2 可知，除高山地区外，江西省大部分地区极端最大积冰厚度为 10～30 mm，江西省有记录的 19 个气象站中，极端最大积冰厚度小于 10 mm 的气象站有 3 个，厚度为 10～20 mm 的气象站有 8 个，厚度为 20～30 mm 的气象站有 6 个。高山地区极端最大积冰厚度明显高于其他地区，庐山(海拔 1164.5 m)极端最大积冰厚度为 141 mm、80 mm。

统计 1959—2009 年间各气象站月最大积冰厚度的分布情况，得出表 6.1 和表 6.2。由表 6.1 和表 6.2 可知：除庐山站外，江西省其他地区月最大积冰厚度主要集中在 0～10 mm，占总数的 65％以上，其中上犹、遂川、贵溪、寻乌、修水、赣县、景德镇、井冈山、广昌 9 个气象站 0～10 mm 积冰厚度发生率高达 90％以上，发生率低于 80％的气象站为 3 个。发生积冰厚度为 5～10 mm 的次数为 35％～100％，略高于发生积冰厚度为 0～5 mm 的次数(30％～67％)，且均未发生积冰厚度大于 70 mm 的情况，绝大多数情况下，积冰厚度一般不大于 40 mm。庐山月最大积冰厚度主要集中在 10～20 mm，占了总数的 70％左右，庐山月最大积冰厚度小于 5 mm 和大于 40 mm 的情况较少，仅为总数的 6％左右。

图 6.2　江西省 1959—2009 年最大积冰厚度及出现年份图(厚度单位：mm)

图中年份和厚度的数据中，左侧的数据代表东西向的极端最大积冰厚度出现的年份和厚度，

右侧的数据代表南北向的极端最大积冰厚度出现的年份和厚度

表 6.1　江西省 1959—2009 年东西向月最大积冰厚度占比分布表

%

气象站	厚度/mm						
	0～5	5～10	10～20	20～40	40～70	70～110	110～150
修水	45.8	52.1	2.1	0	0	0	0
宜春	38.1	52.4	4.8	4.8	0	0	0
吉安县	45.0	35.0	20	0	0	0	0
夏坪	58.3	41.7	0	0	0	0	0
井冈山	31.8	59.1	0	9.1	0	0	0
遂川	41.7	58.3	0	0	0	0	0
上犹	0	100.0	0	0	0	0	0
赣县	31.2	62.5	0	6.2	0	0	0
九江	57.1	42.9	0	0	0	0	0
庐山	6.1	33.0	34.8	19.1	6.1	0.4	0.4
鄱阳	38.9	50.0	5.6	5.6	0	0	0

气象站	厚度/mm						
	0～5	5～10	10～20	20～40	40～70	70～110	110～150
景德镇	21.4	71.4	0	7.1	0	0	0
南昌	36.4	36.4	27.3	0	0	0	0
樟树	11.1	66.7	22.2	0	0	0	0
贵溪	35.3	64.7	0	0	0	0	0
玉山	33.3	60.0	6.7	0	0	0	0
南城	35.3	29.4	23.5	11.8	0	0	0
广昌	31.6	52.6	15.8	0	0	0	0
寻乌	66.7	33.3	0	0	0	0	0

表 6.2　江西省 1959—2009 年南北向月最大积冰厚度分布表

%

气象站	厚度/mm						
	0～5	0～5	0～5	0～5	0～5	0～5	0～5
修水	45.8	52.1	2.1	0	0	0	0
宜春	42.9	42.9	9.5	4.8	0	0	0
吉安县	50.0	40.0	10	0	0	0	0
夏坪	58.3	41.7	0	0	0	0	0
井冈山	31.8	59.1	0	9.1	0	0	0
遂川	38.5	53.8	7.7	0	0	0	0
上犹	0	100.0	0	0	0	0	0
赣县	29.4	64.7	0	5.9	0	0	0
九江	57.1	28.6	14.3	0	0	0	0
庐山	5.7	34.8	35.2	18.3	5.7	0.4	0
鄱阳	50.0	38.9	11.1	0	0	0	0
景德镇	14.3	78.6	0	7.1	0	0	0
南昌	45.0	40.0	15.0	0	0	0	0
樟树	10.5	68.4	21.1	0	0	0	0
贵溪	33.3	61.1	0	0	5.6	0	0
玉山	26.7	53.3	20	0	0	0	0
南城	38.9	27.8	27.8	5.6	0	0	0
广昌	31.6	68.4	0	0	0	0	0
寻乌	66.7	33.3	0	0	0	0	0

（2）积冰重量的分布特征

由图 6.3 可知,江西省极端最大积冰重量各地区差异明显,全省极端最大积冰重量最小的为 8 g/m(景德镇),最大的为 5432 g/m(庐山),庐山由于海拔较高,其单位积冰重量明显高于其他地区,1975 年,庐山每米最大积冰重量高达 3.4～5.4 kg。井冈山最大积冰重量也较大,为 703 g/m。其他地区最大积冰重量主要集中在 100～500 g/m。江西省有记录的 19 个气象站中,极端最大积冰重量小于 10 g/m 的气象站有 2 个,重量为 10～50 g/m 的气象站有 4 个,重量为 50～100 g/m 的气象站为 4 个,重量为 100～300 g/m 的气象站为 4 个,重量为 300～600 g/m 的气象站为 3 个。

图 6.3　江西省 1959—2009 年最大积冰重量及出现年份图(重量单位: g/m)
图中年份和重量的数据中, 左侧的数据代表东西向的极端最大积冰重量出现的年份和重量,
右侧的数据代表南北向的极端最大积冰重量出现的年份和重量

吴琼等(2013a)统计 1959—2009 年间各气象站月最大积冰重量的分布情况,得出表 6.3 和表 6.4。由表 6.3 和表 6.4 可知:除高山地区外,江西省其他地区均未发生积冰重量大于 650 g/m 的情况,积冰重量各个地区差异较大,但主要集中在 0～150 g/m,占了总数的 55% 以上,其中,修水、夏坪、遂川、赣县、九江、景德镇、玉山、广昌、寻乌、贵溪 10 个气象站均未出现积冰重量大于 150 g/m 的现象,鄱阳、吉安县、宜春、南昌、南城 5 个气象站积冰重量为 0～150 g/m 的次数占总数的 80% 以上,井冈山、庐山等高山站积冰重量为 0～150 g/m 的次数也占总数的 55% 以上。庐山站积冰重量大于 950 g/m 的现象较少,不超过总数的 5.5%。

表 6.3 江西省 1959—2009 年东西向月最大积冰重量分布频率表

%

气象站	重量/(g/m)											
	0~10	10~20	20~40	40~70	70~150	150~350	350~650	650~950	950~1500	1500~2500	2500~4000	4000~6000
修水	16.7	16.7	66.7	0	0	0	0	0	0	0	0	0
宜春	0	42.9	14.3	14.3	14.3	14.3	0	0	0	0	0	0
吉安县	11.1	22.2	22.2	11.1	22.2	11.1	0	0	0	0	0	0
夏坪	0	100.0	0	0	0	0	0	0	0	0	0	0
井冈山	12.5	0	12.5	25.0	12.5	12.5	12.5	12.5	0	0	0	0
遂川	12.5	37.5	12.5	37.5	0	0	0	0	0	0	0	0
赣县	30.0	10.0	40.0	10.0	10.0	0	0	0	0	0	0	0
九江	0	0	100	0	0	0	0	0	0	0	0	0
庐山	0	6.4	16.7	17.2	18.6	25.0	7.8	5.9	2.0	0	0.5	0
鄱阳	0	22.2	66.7	0	0	11.1	0	0	0	0	0	0
景德镇	100.0	0	0	0	0	0	0	0	0	0	0	0
南昌	16.7	0	16.7	16.7	33.3	8.3	8.3	0	0	0	0	0
樟树	0	0	28.6	0	28.6	42.9	0	0	0	0	0	0
贵溪	0	33.3	0	33.3	33.3	0	0	0	0	0	0	0
玉山	0	25.0	50	25.0	0	0	0	0	0	0	0	0
南城	20	20	20	0	20	0	20	0	0	0	0	0
广昌	15.4	23.1	30.8	7.7	23.1	0	0	0	0	0	0	0
寻乌	0	66.7	33.3	0	0	0	0	0	0	0	0	0

表 6.4 江西省 1959—2009 年南北向月最大积冰重量分布频率表

%

气象站	重量/(g/m)											
	0~10	10~20	20~40	40~70	70~150	150~350	350~650	650~950	950~1500	1500~2500	2500~4000	4000~6000
修水	16.7	33.3	33.3	16.7	0	0	0	0	0	0	0	0
宜春	14.3	28.6	14.3	14.3	0	28.6	0	0	0	0	0	0
吉安县	22.2	33.3	11.1	22.2	0	11.1	0	0	0	0	0	0
夏坪	0	66.7	33.3	0	0	0	0	0	0	0	0	0
井冈山	12.5	0	12.5	25.0	12.5	12.5	12.5	12.5	0	0	0	0
遂川	12.5	37.5	12.5	25.0	12.5	0	0	0	0	0	0	0
赣县	36.4	27.3	18.2	9.1	9.1	0	0	0	0	0	0	0

气象站	重量/(g/m)											
	0~10	10~20	20~40	40~70	70~150	150~350	350~650	650~950	950~1500	1500~2500	2500~4000	4000~6000
九江	0	0	100	0	0	0	0	0	0	0	0	0
庐山	0	5.9	15.8	15.8	17.2	26.6	8.9	3.9	4.9	0.5	0	0.5
鄱阳	0	42.9	14.3	28.6	0	14.3	0	0	0	0	0	0
景德镇	100.0	0	0	0	0	0	0	0	0	0	0	0
南昌	11.1	11.1	22.2	22.2	11.1	22.2	0	0	0	0	0	0
樟树	0	0	12.5	25.0	25.0	25.0	12.5	0	0	0	0	0
贵溪	0	50.0	0	25.0	25.0	0	0	0	0	0	0	0
玉山	0	20.0	40.0	40.0	0	0	0	0	0	0	0	0
南城	10.0	10.0	20.0	20.0	30.0	0	10	0	0	0	0	0
广昌	23.1	23.1	23.1	23.1	7.7	0	0	0	0	0	0	0
寻乌	0	66.7	33.3	0	0	0	0	0	0	0	0	0

6.2 雷暴影响分析

6.2.1 雷暴的危害

雷暴是伴有雷击和闪电的局地对流性天气,常伴有强烈的阵雨或暴雨,有时伴有冰雹和龙卷,是一种局地性的但却很猛烈的灾害性天气。由于风机和电线线路多建在空旷地带,相对于周围环境往往显得比较突兀,很容易发生尖端放电而被雷电击中。雷电释放的巨大能量会造成风力发电机组叶片损坏,发电机绝缘击穿,控制元件烧毁等,致使设备和线路遭受严重破坏,即使没有被雷电直接击中,也可能因静电和电磁感应引起高幅值的雷电压行波,并在终端产生一定的入地雷电流,造成不同程度的危害。

叶片是风电机组中最昂贵最重要的部位,遭受雷击是叶片毁坏的主要原因之一。如果避雷系统工作不正常,当雷击击中一个叶片时,电流将会直接传递给发电机。如果叶片有砂眼,下雨时就会积水,在受到雷击的时候这些水分会瞬间蒸发,产生的蒸汽压力会使叶片爆炸或裂开,这对机组来说是灾难性的、致命的。虽然如果经常检查叶片防雷系统,修复有问题的避雷系统,将叶尖的排水孔里的杂质清理干净,就能最大限度地保护叶片,减少叶片遭受雷击,但这样仍不能保证风力发电机组的绝对安全。

因此,雷暴活动也是风电场、输电线路规划设计中的重要气象参数,在风电场的选址、布局、设计中,必须充分考虑雷电可能造成的危害。

6.2.2　雷暴的分布特征

由图 6.4 可知,我省最南端年雷暴日数在 70~77 d,赣南山地地区,年雷暴日数主要集中在 63~70 d,江西省北部雷暴日数较少,约为 50 d,鄱阳湖的北部年雷暴日数基本不超过 40 d,江西省南昌县、上饶、鹰潭等部分地区年雷暴日数仅为 20 d 左右。总体来说,江西省雷暴出现日数由北向南逐渐增加,山地多平原少,沿江或沿湖地区较少,内陆较多。

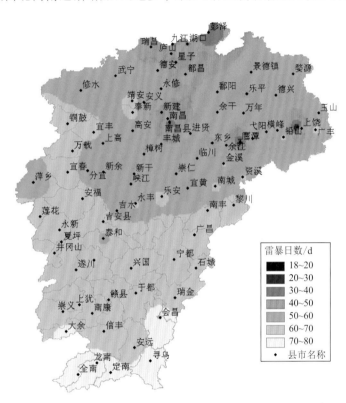

图 6.4　江西省年雷暴日数分布图(1959—2009 年平均值)

6.2.3　雷暴的季节变化

统计 1959—2009 年江西省全省各气象站各月出现的年平均雷暴日数,得出:江西省各气象站雷暴出现日数总和基本呈单峰型变化,夏季发生日数较多,8 月发生日数达到全年中的最高值,约为 1009 d。冬季最少,11 月、12 月、1 月发生日数均不足 30 d,其中 12 月最少,约为 13 d。这是因为,雷暴必定产生在强烈的积雨云中,夏季,由于太阳辐射的能量较大,使得大气高低层能量相较于其他季节更不平衡,大气层结较不稳定,且夏季西南暖湿气流所带来的水汽十分充沛,因此,相对于其他季节,夏季更容易产生强的对流性天气,从而使得雷暴产生的概率远远高于其他季节。

6.2.4　闪电定位仪雷暴分布特征

李玉塔等(2008)利用江西省地闪观测资料分析了 2004—2007 年江西雷电分布特征,得出:江西大部分县(市)年平均地闪 5000～15000 次,年平均地闪 10000～15000 次的高密集区主要分布在吉安、赣州、宜春、南昌、上饶和鹰潭等地。地闪雷电流强度绝对值主要为 2～20 kA,其中正闪主要为 3～55 kA,负闪主要为－3～－16 kA。

由于目前江西省风电场的开发主要集中在鄱阳湖地区,因此鄱阳湖地区的雷暴分布对江西省风电场建设的影响最大。利用江西省地闪观测资料分析了 2006—2008 年鄱阳湖区雷电分布特征,得出:鄱阳湖地区雷电总数占全省雷电总数的 31.81%,湖区一年中闪电主要出现在 6—8 月,一天内闪电的次数又主要集中分布在 15—18 时。湖区出现闪电的概率比非湖区出现闪电的概率要大。鄱阳湖区的闪电分布情况整体呈西多东少,南多北少的特征,主要集中在湖体的南端及其东南部鄱阳湖东南岸附近地区,湖面、湖区东部及其以东地区出现雷电的次数特别少,没有特别明显的高值中心。

6.2.5 雷电对江西省风电场开发的影响

综上所述,江西省属于雷电发生频率较高的地区,1959—2009 年间全省雷暴年均日数为 49～70 d,山地多平原少,沿江或沿湖地区较少,内陆较多。根据 2006—2008 年资料分析可知,鄱阳湖区雷电发生频次高于南部地区,雷电发生较频繁。在风电场的选址和可行性研究中,雷暴仍是江西省危害风电场运行的一个重要因素。

6.3 其他灾害影响分析

6.3.1 热带气旋对江西省风电场开发的影响

(1)热带气旋对江西省风能资源的影响

从 1949 年到 2005 年 57 a 间,进入鄱阳湖区的"直接影响的热带气旋"共有 67 个,平均每年 1.18 个,每年影响个数差别很大,最多一年出现 5 个,有些年份则没有影响鄱阳湖区的热带气旋出现。影响鄱阳湖的热带气旋,从福建登陆的最多,达 31 个,其中 5 个为首次登陆,有 26 个是先登陆台湾,之后再次登陆福建;其次为台湾,有 28 个;登陆广东、浙江的分别为 19 个和 15 个,登陆上海的仅有 2 个。从影响时间上看,影响鄱阳湖区的热带气旋一般最早的在 5 月,最迟的在 11 月,以 7—9 月最多,占 84.5%。

热带气旋进入江西省后,绝大多数减弱为热带风暴或热带低压,且以后者为主,占 87.6%;减弱为热带风暴的只占 8.3%;减弱为强热带风暴的更少,仅占 4.1%;尚未发现进入江西省后中心附近风力仍有 12 级以上的台风。热带气旋登陆后中心气压升高极快,再加上沿海至鄱阳湖区山脉众多,台风进入鄱阳湖区后一般降低为热带低压,低层中心附近最大平均风速在 10.8～17.1 m/s,如果路径偏向比较多,鄱阳湖区的风速甚至更低。

统计 2008 年影响鄱阳湖区的台风影响期间沙岭风场 100 m 测风铁塔的平均风速和风功率密度,50 m 高度的平均风速最大为 8.1 m/s,风功率密度最高为 529.1 W/m²,台风及其外围影响期间,湖区风能资源处在可以利用的区间。2005 年影响江西省的热带气旋共有 6 个,主要发生在 7—9 月,没有出现中心区域通过鄱阳湖地区的热带气旋,鄱阳湖地区风电场主要受到台风外围的影响。2005 年热带气旋发生期间,大岭风电场 10 m 高度风速平均为 7~12 m/s,最大风速为 12.2~21.9 m/s,50 m 高度风速平均为 8~13 m/s,最大风速为 13.1~22.7 m/s。热带气旋影响的时间仅占全年时间的 6.7%,但热带气旋所带来的风能资源相当可观,占全年风能密度的 30.7%左右。

(2)热带气旋的危害

热带气旋能量很大、常常伴随狂风、暴雨、风暴等强烈的天气,不少热带气旋都伴有 12 级以上的大风区。由于江西省处于内陆地区,热带气旋登陆后,由于受到陆地摩擦力的影响,风力明显减弱,对江西省风电场风机的危害较小。但其伴随的暴雨洪水常使建筑物、输电线路等地面设施遭受严重破坏。如 2006 年 7 月受 5 号台风"格美"外围影响,南康县电力通输电线路损坏 153.2 km。2005 年 9 月受台风"泰利"影响,星子县电线杆 974 根受损。2007 年 7 月都昌县周溪、大港两镇受强对流天气影响,出现了龙卷,吹断电线杆 80 根,8.8 km 电路严重受损。2007 年 8 月受 9 号台风"圣帕"影响,兴国县损坏高低压线路 13.45 km。

6.3.2　沙尘影响分析

江西省鄱阳湖地区沙化现象十分明显。据调查,鄱阳湖现有沙化土地面积 3.89 万 hm²,沙地分布以鄱阳湖地区中、北部多见,赣江、抚河和信江的中下游亦见分布,主要集中在星子县、永修县松门山、湖口县老召山、南昌县岗上、都昌县多宝、彭泽县红光以及新建县厚田附近的赣江西侧等地。由于人为采沙活动加剧了对湖滩植被和生态环境的影响和破坏,鄱阳湖风化流沙在强劲的风力作用下正以 3~5 m/a 的速度向外推进,土地沙化面积不断扩大。鄱阳湖区老爷庙风场、沙岭风场、松门山—矶山风场地表沙化严重,在大风过境期间,沙化土地容易有大量的沙砾及石块被带入空中,从而对风机叶片及风场其他相关设备造成危害。通过风电场实地考察及与相关技术人员进行咨询,沙尘主要对风场距地 2 m 高的箱式变压器有一定影响。

6.4　小结

江西省作为内陆省份,热带气旋不仅不会对江西省风电场风机造成较大危害,还会为江西省带来相当可观的风能资源;沙尘天气对江西省风电场运营有一定的影响。

影响江西省风电场建设的主要气象因素是雷暴和积冰。江西省属于雷暴发生频率较高的地区。从 1959—2009 年 50 a 平均来看,江西省最南端年雷暴日数高达 70~77 d,赣南山地地区,年雷暴日数主要集中在 63~70 d,江西省北部年雷暴日数较少,约为 50 d,鄱阳湖的北部年雷暴日数基本不超过 40 d。2006—2008 年,鄱阳湖区雷电发生频次高于南部地区,雷电发生较频繁,鄱阳湖地区雷电总数占全省雷电总数的 31.81%。

积冰对江西省风电场影响也较大,特别是对于高山风电场的建设。江西省赣南地区年均积冰日数较少,仅为 5～10 d,赣北年均积冰日数为 20～30 d,其他大部分地区积冰日数为10～20 d。高山地区积冰日数、积冰厚度、重量明显高于其他地区。其中,庐山(1164.5 m)年均积冰日数约为 77 d,井冈山(843 m)年均积冰日数约为 33 d,庐山(1164.5 m)极端最大积冰厚度为东西向 141 mm、南北向 80 mm,庐山最大积冰重量高达 3.4～5.4 kg/m。

第 7 章
风能资源开发利用

7.1 风能资源开发利用相关政策

中国风电产业经历了从无到有、从规模小到装机容量位居世界第一、从快速发展到调整洗牌、从技术和设备引进仿制到基本自主设计制造的曲折发展历程。在我国风电行业发展的过程中,国家发布的有关法律、法规、发展规划以及各项财税与电价政策强力支撑了中国风电产业的繁荣与发展,对风电产业创新能力的提升和产业体系的建立具有重要意义。

7.1.1 国家风电相关政策

自我国探索开展风能资源开发利用以来,国家发布的风能源发展相关的政策文件可以分为三个类别、五个阶段。其中三个类别包括规划政策、财税政策和电价政策,分别从推进产业技术规模化发展、财税优惠引导支撑和完善市场价格形成机制三个方面发挥政策对风电产业发展的引导促进作用。结合我国风电产业在不同时期发展的特点和政策变化,五个阶段分别为从无到有的风机整机引入试点探索阶段、形成国产化自研风机的技术吸收阶段、以项目应用推进产业链发展的产业化发展阶段、风电规模化开发建设的稳步发展阶段和全面市场化的市场化发展阶段。

(1)试点探索阶段(1986—1993年):此阶段主要是利用国外赠款及贷款,建设小型示范风电场,政府的扶持主要在资金方面,如投资风电场项目及支持风电机组研制。我国主要利用丹麦、德国、西班牙政府贷款,进行一些小项目的示范。欧洲风电大国利用本国贷款和赠款的条件,将他们的风机在中国市场进行试验运行,积累了大量的经验。同时国家"七五""八五"设立的国产风机攻关项目,取得了初步成果。

(2)技术吸收阶段(1994—2003年):此阶段主要通过引进、消化、吸收国外技术进行风电装备产业化研究。科技部通过科技攻关和国家"863"项目促进风电技术的提升,原经贸委、计委通过"双加工程""国债项目""乘风计划"的实施,促进风电产业的持续发展。此阶段首次探索建立了强制性收购、还本付息电价和成本分摊制度,保障了投资者的利益,促使贷款建设风电场开始发展。此阶段国产风电设备实现了商业化销售,中国风电年新增装机容量开始不断扩大,新的风电场不断出现。

(3)产业化发展阶段(2003—2009年):此阶段主要是通过实施风电特许权招标项目确定风电场投资商、开发商和上网电价,通过施行《可再生能源法》及其细则,建立了稳定的费用分摊制度,从而迅速提高了风电开发规模和本土设备制造能力。国家发展和改革委员会(简称国家发改委)通过风电特许权经营,下放5万kW以下风电项目审批权,要求国内风电项目国产化比例不小于70%等优惠政策,扶持和鼓励国内风电制造业的发展,使国内风电市场的发展进入一个高速发展的阶段。

(4)稳步发展阶段(2010—2020年):在特许权招标的基础上,颁布了陆地风电上网标杆电价政策;在风能资源初步详查基础上,提出建设八个千万千瓦风电基地,启动建设海上风电示范项目。根据规模化发展需要,修订了《可再生能源法》,要求制定实施可再生能源发电全额保障性收购制度,以应对大规模风电上网和市场消纳的挑战。这一时期,中国的风能以两位数以上的增长率保持稳步增长,风能产业进入稳定发展阶段。与此同时,我国"三北"地区(华北、西北和东北)出现了大面积的"弃风弃电"现象,风力发电的消纳问题变得尤为突出。因此,国家出台了大量的解决消纳问题的政策,重点解决风电资源的跨区域调配和全面消纳。而由于"三北"地区出现了严重的"弃风弃电"现象,风电产业开发逐渐向消纳能力较强的中东部地区转移。

(5)市场化发展阶段(2021年至今):2021年以后,随着国家"十四五"规划开始实施,以及"碳达峰碳中和"等目标的提出,国家的对风电等可再生能源的补贴将逐步减少,风电全面进入平价上网阶段。在这一阶段,我国的风电产业逐渐向市场化转变,政府政策更多的是解决消纳和推动风电平价化发展。

各阶段的主要政策见表7.1。

表 7.1 国家风电相关政策

序号	发展阶段	实施日期	政策类型	发布机构	政策名称	主要内容
1	试点探索阶段	1986年	规划政策	电力工业部	国家高技术研究发展计划(863计划)	开始了风电技术的探索
2	技术吸收阶段	2000年	财税政策	国家经济贸易委员会	《"国债风电"项目实施方案》	成立风电发展专项基金,推动风电机组自产自销,提高风电机组创新能力,以及万千瓦级别大型风电项目建设
3		2003年	规划政策	国家发改委	《全国大型风电场前期工作大纲》	做好全国代行风力发电项目前期建设工作,根据工作成果构建关于风能资源和风电场的数据库,为未来风力发电的大规模发展提供详细的基础数据
4		2003年	规划政策	国家发改委	《关于印发风电特许权项目前期工作管理办法及有关技术规定的通知》	将竞争机制引入风电场开发,以市场化方式确定风电上网电价。而在省(区)项目审批范围内的项目,仍采用的是审批电价的方式,初步推动了风电产业规模化发展,加快了设备本地化生产步伐
5	产业化发展阶段	2005年	规划政策	国家发改委	《关于风电建设管理有关要求的通知》	要求国产化率70%以上的风电设备,未满足要求的风电场不能开展建设;加快了风电设备国产化制造的步伐,逐步建立起我国的风电产业技术体系,更好地适应了我国规模化开发风电产业的需要
6		2006年	财税政策	全国人民代表大会	《可再生能源法》	通过法律制定可再生能源发展目标,鼓励和支持与电力生产有关的可再生能源并网,实施对可再生能源生产完全保障的购买制度,设立了可再生能源基金
7		2006年	电价政策	国家发改委	《可再生能源发电价格和费用分摊管理试行办法》	风力发电项目的电价由政府管理,电价标准由政府价格主管部门根据投标价格确定。可再生能源发电项目的连接并网费用通过向电力消费者征收附加电费来解决

序号	发展阶段	实施日期	政策类型	发布机构	政策名称	主要内容
8	产业化发展阶段	2006 年	财税政策	财政部	《可再生能源发展专项资金管理暂行办法》	对于包括风能在内的可再生能源发展项目专项资金的使用范围与原则、扶持重点、审批申报、财务管理、考核监督等都做了具体规定
9		2007 年	规划政策	国家发改委	《可再生能源中长期发展规划》	明确提出了到 2020 年的装机目标,在数量上确定了风电产业开发容量
10		2008 年	规划文件	国家发改委	《可再生能源发展"十一五"规划》	到 2010 年,可再生能源消费占比提高到 10%,风电总装机容量达到 1000 万 kW
11		2008 年	财税政策	国务院	《中华人民共和国企业所得税法实施条例》	对符合条件的环保项目所得实行"三免三减半"的税收优惠
12		2008 年	财税政策	财政部、国家税务总局	《关于资源综合利用及其他产品增值税政策的通知》	对销售利用风力发电产生的增值税实行即征即退 50%的优惠
13		2009 年	电价政策	国家能源局	《关于完善风力发电上网电价政策的通知》	陆上风力发电的上网标杆价格基准是根据资源区来决定的。根据风能资源和项目建设条件的情况,将全国分成四种类型的风能资源区,并相应制定风电上网基准标杆价格
14	稳步发展阶段	2012 年	规划政策	国家能源局	《加强风电并网和消纳工作有关要求的通知》	重视风电项目的并网运行和市场消纳工作,落实并网接入等风电场建设,做好风电场运行调度管理工作,提高风电场建设和运行水平
15		2014 年	电价政策	国家发改委	《关于适当调整陆上风电标杆上网电价的通知》	宣布对陆上风电继续实行分资源区标杆上网电价政策,将第Ⅰ、Ⅱ、Ⅲ类资源区标杆上网电价每千瓦时降低 2 分钱,第Ⅳ类资源区标杆电价维持现状
16		2015 年	电价政策	国家发改委	《关于完善陆上风电光伏发电上网标杆电价政策的通知》	实行陆上风电、光伏发电上网标杆电价随发展规模逐步降低的价格政策
17		2016 年	规划政策	国家发改委	《可再生能源"十三五"规划》	到 2020 年,可再生能源总装机容量 6.8 亿 kW,发电量 1.9 万亿 kW·h,占总发电量的 20%。风力发电电价可与当地燃煤发电同台竞技,逐步建立可再生能源绿色证书交易机制
18		2016 年	规划政策	国家能源局	《可再生能源发电全担保收购管理办法》	可再生能源电网发电项目的年度发电分为补偿电和市场交易电
19		2016 年	规划政策	国家能源局	《关于促进电能存储参与"三北"地区调峰服务的通知》	充分发挥电储能技术在调峰方面的作用,促进辅助服务分担共享新机制建立,减少弃风、弃光,满足民生供热需求;鼓励发电企业、电信企业、电力用户、独立辅助提供商等投资电储能设施
20		2016 年	规划政策	国家能源局	《风电发展"十三五"规划》	做出了我国风电产业到 2020 年的发展规划,从安装容量、发电量、电力消纳及设备制造等方面都做出了合理的安排部署规划

序号	发展阶段	实施日期	政策类型	发布机构	政策名称	主要内容
21		2016 年	规划政策	国家能源局	《关于建立监测预警机制促进风电产业持续健康发展的通知》	建立风电场投资实行分类预警机制,合理引导风电风电产业投资
22		2016 年	电价政策	国家发改委	《关于调整光伏发电、陆上风电标杆上网电价的通知》	规定 2018 年以后核准并纳入财政补贴年度规模管理的Ⅰ～Ⅳ类资源区陆上风电项目上网电价分别为 0.4 元/(kW·h)、0.45 元/(kW·h)、0.49 元/(kW·h)和 0.57 元/(kW·h)
23		2017 年	规划政策	国家能源局	《关于加快推进分散式接入风电项目建设有关要求的通知》	加快发展分布式风电建设,优化风力发电布局,促进本地和附近的风力发电消纳,加快促进电力接入低电压配电网和本地消纳相关的分布式风力发电项目建设
24	稳步发展阶段	2017 年	电价政策	国家发改委	《关于全面深化价格机制改革的意见》	优化可再生能源电力价格,对可再生能源发电项目补贴实行退坡管理制度,争取于 2020 年实现与传统燃煤发电价格相当;引入更多市场竞争机制来确定可再生能源价格
25		2017 年	电价政策	国家能源局	《关于公布风电平价上网示范项目的通知》	批复了五个省区的风电平价上网示范项目共 70.7 万 kW
26		2018 年	电价政策	国家能源局	《关于 2018 年风电建设管理有关要求的通知》	开启了我国风电项目的竞争性资源配置模式,拉开了风电平价上网时代即将到来的序幕
27		2019 年	电价政策	国家发改委、能源局	《关于积极推进风电、光伏发电无补贴平价上网有关工作的通知》	风电、光伏产业已基本发展至可执行燃煤标杆上网电价的水平,为促进可再生能源高质量发展,提高风电、光伏发电的市场竞争力,各地区要结合资源、消纳、新技术应用等条件,积极推进建设不需要国家补贴的平价上网项目
28		2019 年	规划政策	国家发改委	《关于完善风电上网电价政策的通知》	集中式项目标杆上网电价改为指导价,新核准上网电价通过竞争方式确定,不得高于项目所在资源区指导价,风电指导价低当地燃煤机组标杆上网电价(含脱硫、脱硝、除尘电价,下同)的,以燃煤机组标杆上网电价作为指导价;2021 年 1 月 1 日起,新核准的陆上风电项目全面实现平价上网,国家不再补贴
29		2021 年	电价政策	国家发改委	《关于 2021 年新能源上网电价政策有关事项的通知》	推动新增并网风电的价格改革,充分发挥电价信号作用,推动风电等产业高质量发展
30	市场化发展阶段	2021 年	规划政策	国家发改委	《关于完整准确全面贯彻新发展理念做好碳达峰碳中和工作的意见》	到 2030 年,全国非化石能源消费比重达到 25% 左右,风电、太阳能发电总装机容量达到 12 亿 kW 以上
31		2022 年	规划政策	国家发改委等九部门	《"十四五"可再生能源发展规划》	到 2030 年,全国非化石能源消费比重达到 25% 左右,风电、太阳能发电总装机容量达到 12 亿 kW 以上,"十四五"期间风电和太阳能发电量实现翻倍

7.1.2 江西省风电相关政策

江西省风能资源的勘探和开发工作最早启动于 20 世纪后期,1985 年 7 月,鄱阳湖气候资源考察课题组完成"鄱阳湖气候资源考察"课题,对光能资源、风能资源进行了分析,得出了"风能资源作为再生资源,随着技术的进步,将具有广阔的前景"的结论。

进入 21 世纪后,国家逐步开始探索风能资源利用,试点开展风电开发应用。江西省紧跟风能利用新技术的发展方向加快省内风电开发推进工作,初期总体按照国家依据总量控制制定的建设规划及年度开发的指导规模积极推进省内风电发展,经历了一段快速发展期。但受到可再生能源补贴的刺激,实际发展过程中储备项目远远超过规划目标,面临的电网消纳不足和弃风限电风险日益突出。由此,"十三五"期间江西逐步开始放缓风能发展脚步,并结合补贴退坡推动风电平价低价上网有关时间要求,开始探索省级项目库管理机制以应对平价上网阶段国家不再进行规模管理的行业管理新形势,江西省风电发展进入了规范调整期。随着 2021 年风电全面进入平价上网阶段,国家补贴不再作为行业管理的有效抓手,江西省依托省级项目规划库的探索,形成了以风电发展配套风能、用地、接网资源为核心的行业管理机制,进入关键要素驱动发展期。

(1)探索起步期(2015 年以前):2007 年 3 月,江西省发展和改革委员会委发布《江西省"十一五"新能源发展规划(风电篇)》,明确了江西省"十一五"风电规划思路和发展目标、风电场环境影响初步评价、建议等章节。提出了"十一五"期间规划建设风电装机容量 10~12万 kW。2012 年 10 月,江西省人民政府办公厅发布《江西省"十二五"新能源发展规划》,提出大力发展风力发电,充分利用江西在中部地区的风能资源优势,以鄱阳湖陆地以及部分高山风资源较好区域为重点,建设一批风电场,适时启动鄱阳湖浅滩风电开发,同时积极推进一批风电项目前期工作。按照国家部署,结合江西实际,有序推进风电分散式开发。

(2)有序发展期(2015—2020 年):2015 年江西省能源局发布《关于规范全省风电项目管理工作的通知》,提出严格执行总量控制下的风电项目管理程序,规范有序地做好规划选点工作,并结合项目储备情况,明确"十三五"期间风电开发主要是消化已经取得成果的规划项目,适当安排少量的新测风项目。2017 年,江西省能源局发布《关于进一步加强风电项目开发建设管理的通知》,明确 2017 年将控制上报国家的风电新增核准计划项目数量,2018 年原则上暂停上报新的核准计划项目,待"十三五"后期对全省风电消纳情况重新评估后再行安排。2019 年,江西省能源局仅分两批下达了 2019 年分散式风电开发建设方案,后续未下达新风电开发建设计划。同时,2019 年国家发改委发布《关于完善风电上网电价政策的通知》,提出 2021 年 1 月 1 日起,新核准的陆上风电项目全面实现平价上网,国家不再补贴。可以预见补贴资金未来将不再是可供分配的公共资源,取而代之决定行业发展的关键要素资源主要是风能气象资源和符合政策规范的空间土地资源;此外,作为电力系统的组成部分,风电项目发展还需要占用电力系统的接入点、输电通道、调峰备用等重要的公共配套资源。有效的行业管理应转向以重点关键要素资源驱动行业健康发展,促进这些重要公共资源的科学、公平、高效配置。从"十三五"中后期,江西省就开始谋划风电规划项目库相关工作,并进行了切实有效的行业管理实践。2020 年,《江西省能源局关于强化风电项目规划管理有关事项的通知》(赣能新能字〔2020〕119 号)提出建立全省平价风电规划库,并于 2021 年 9 月开启风电规划库的竞争优选工作。

(3)高质量发展期(2021 年至今):2022 年,《江西省能源局关于开展风电、光伏发电规划库调整的通知》(赣能新能字〔2022〕36 号)正式发布,通知进一步简化和规范纳规程序,不再设置光伏发电项目论证库,将风电规划库与光伏近期库合并为风电、光伏发电规划库。随后发布《江西省光伏发电、风电项目开发工作指南(2022 年)》引导企业科学有序开发风电项目开发。至此,江西省按照"先规划、后建设"的行业管理原则,强化了风电项目建设规划工作,设立了规划库作为补充,通过远近结合、梯次接续的规划库项目统筹布局,推动风电行业合理有序发展,支撑能源总量、结构等规划目标的实现,形成了省内各级能源主管部门依托规划库的项目储备,通过组织竞争优选的方式,充分开展风电项目相关公共资源的管理和优化配置的机制。在具体的风电规划库管理实践中,一是建设了江西省可再生能源规划项目库管理系统,为各新能源开发企业公平参与项目竞争提供了便捷高效的线上渠道;二是编印发布了规划库管理工作指南和操作细则,指导新能源企业在项目前期工作中落实土地性质和权属、电网接入条件、开发经济性等项目开发关键要素,促进开发企业人力物力高效利用;三是依托信息化手段对项目用地坐标进行比对,及时规避项目用地重合,促进新能源项目开发有序竞争。这里简要介绍江西风能开发利用方面最新的重要政策。

①《关于做好 2022 年光伏、风电项目管理有关事项的通知》

2022 年 3 月 18 日,江西省能源局发布《关于做好 2022 年光伏、风电项目管理有关事项的通知》(简称《通知》)。在本《通知》中,江西省能源局分解制定了各设区(市)"十四五"新能源发展年度最低目标和激励目标,加强在建光伏、风电项目建设进度考核,并对项目完工率高的企业在项目优选规模和次序上给予优先支持。

②《江西省能源局关于开展风电、光伏发电规划库调整工作的通知》

2022 年 3 月 28 日,江西省能源局发布《江西省能源局关于开展风电、光伏发电规划库调整工作的通知》,通知要求各设区市做好任务目标与规划容量衔接,制定了规划项目重点支持方向,进一步简化和规范纳规程序,不再设置光伏发电项目论证库,将风电规划库与光伏发电近期库合并为风电、光伏发电规划库,并要求,风电项目申请纳入规划库须提交项目可研报告,取得自然资源(需明确规划、生态红线、永久基本农田)、林业、军事等部门明确支持意见,项目应具备接入电网的条件。

③《江西省"十四五"能源发展规划》

2022 年 5 月,江西省人民政府办公厅印发的《江西省"十四五"能源发展规划》明确了 2021 年至 2025 年江西省新能源发展的指导思想、基本原则、发展目标、重点任务,提出了保障措施,"十四五"力争新增风电装机 200 万 kW 以上,2025 年累计装机达到 700 万 kW 以上。积极推进已核准风电项目的开发建设,适时开展一批规划项目前期核准工作。结合乡村振兴战略,贯彻落实国家"千乡万村驭风计划"。鼓励业主单位通过技改、置换等方式实施老旧风电场技术改造升级,重点开展单机容量小于 1.5 MW 的风电机组技改升级。

④《江西省能源领域碳达峰实施方案》

2022年7月,江西省能源局《江西省新能源领域碳达峰实施方案》指出,全省碳达峰工作总体目标为到2025年,力争全省非化石能源消费比重达到18.3%左右,到2030年,非化石能源消费比重达到国家确定的江西省目标值,顺利实现2030年前碳达峰目标。

在新能源发展方面,要求以规划为引领,加大新能源开发利用力度,大力推进光伏开发,有序推进风电开发,坚持市场导向,集中式与分布式并举,到2030年,风电、太阳能发电总装机容量达到0.6亿kW。

在新型电力系统建设方面,要求加强源网荷储协调发展、新型储能系统示范推广应用,发展"新能源+储能",推动风光储一体化,推进新能源电站与电网协调同步。推动电化学储能、抽水蓄能等调峰设施建设,提升可再生能源消纳和存储能力。到2025年,新型储能装机容量达到100万kW。

7.2 江西风能资源开发利用现状

2001年,江西启动了风能资源普查,在都昌县老爷庙设立了一座50 m测风塔。之后陆续围绕鄱阳湖周边开展了测风工作。2007年3月,江西省首家专业从事风电开发的公司——江西中电投新能源发电有限公司正式成立,公司注册资本金1.65亿元,注册地在江西南昌。2007年11月26日,江西省第一个开工建设的风电项目——矶山湖风电场举行开工典礼。项目于2008年3月31日浇注风机基础第一罐混凝土(主体工程开工标志),8月11日首台风机吊装成功,10月28日首批风机并网发电,11月30日全部机组并网发电。从主体工程开工到全部机组投产发电,用时仅8个月。2014年,屏山风电场成为江西省第一个并网的高山风电,标志着从湖区走上高山,突破300万kW的资源预估瓶颈。2016年,江西省风电装机规模首次突破100万kW,并于2020年达到500万kW以上。2022年,前坊分散式风电项目作为江西省第一个配备储能的风电项目,帽子山风电场作为江西省第一个混塔风电项目成果均实现全容量并网。

截至2022年末,全省风电项目共计84个、555.49万kW,年累计发电量127.71亿kW·h,年均利用小时数2319.7 h,全省装机规模大于10万kW风电项目共计16个、201.6万kW,大水山风电场装机规模17.2万kW为全省最大装机风电场。

7.3 江西风电发展面临的形势分析

江西省新能源禀赋较弱,风电资源属于国家最弱的四类地区,发电可利用小时数低于全国平均水平。江西省风电经过多年大力发展,装机规模快速增长,取得了显著的发展成果。但在当前风电补贴全部退出、电网消纳能力不足和新能源逐步纳入市场交易的形势下,风电的发展应从规模化发展转向高质量可持续发展。

当前江西省风电发展主要面临以下挑战，一是江西风资源优势地区已在早期开发殆尽，现存的资源条件大多是利用小时数有限的高山风电，施工难度大，开发成本相对较高；二是江西省新能源开发比例已经较高，电网接入消纳能力严重不足，近年来陆续出现弃风现象，且局部电网已经存在反送严重过载情况，给系统调节带来严重困难；三是江西森林覆盖率居全国第二位，全省生态红线范围广、面积大，风电项目大多位于生态脆弱地区，在用地方面仍面临较大制约；四是未来风电将进一步深化参与电力市场交易当中，风电本身波动性、间歇性带来的发电能力不稳定情况将放大风电参与市场交易的经济风险，对风功率预测和市场交易策略提出了更高的要求。

与此同时，新时代政策和技术的完善也为风电高质量发展带来了新机遇。一是实现"碳达峰、碳中和"目标是能源转型发展的重要着眼点，风电作为可再生能源的核心主体之一，天然具有不可替代的禀赋优势和规模性优势，将持续在江西省能源转型过程中发挥重要作用。二是江西省电力需求的持续增长，电化学储能、氢能和压缩空气储能等新型储能技术的快速发展为提升电力系统调节能力提供了有效手段，可通过配建独立储能等方式提升全省风电消纳能力。三是近年来风机技术快速发展，高塔筒低风速等风机的成熟进一步拓展了可开发风资源的范围，而风机成本的逐步走低提升了项目开发的经济性，原本不具备开发条件或条件较差的风电资源转化为了可利用资源。

在这个挑战与机遇并存的时期，应从政策、技术和市场多维度提升风电项目本身竞争力，抓住发展机遇占领新时代风电高质量发展先机。

7.4　江西风能资源开发利用展望

加快发展新能源，是贯彻落实"四个革命、一个合作"能源安全新战略、构建新型电力系统的重要举措，也是贯彻落实新发展理念、实现"碳达峰、碳中和"目标的必然选择。"十四五"时期是江西省与全国同步全面建设社会主义现代化的开局起步期，也是加快推进能源绿色低碳转型、落实应对气候变化国家自主贡献目标的攻坚期。尽管当前江西省风电发展面临从规模化发展向高质量发展转型的"阵痛"，随着风电行业政策、技术发展水平和电力市场的进一步完善，风电仍将在"十四五"及更长的时期中发挥推动能源结构转型和消费革命的重要作用。

根据《江西省新能源发展"十四五"规划》，至 2025 年，按最低目标，全省风电实现新增装机容量 200 万 kW 左右，累计装机容量达到 700 万 kW 以上；按照激励目标，全省风电实现新增装机容量 290 万 kW 以上，累计装机容量达到 800 万 kW 以上；未来江西省将积极以新能源技术、材料、算法等多轮创新为驱动，深挖江西省风能资源潜力。以氢能等新型储能为支撑，提升江西省风电消纳能力。在偏远地区、电网薄弱地区、经济开发区、工业园区等场景，开展"千乡万村驭风计划"，示范性拓展分散式风电发展应用场景，稳步推进江西省风电项目开发，促进新时代风电高质量可持续发展。

参考文献

陈双溪,聂秋生,曾辉,等,2006. 鄱阳湖区风能资源储量及分布研究[J]. 气象与减灾研究(1):1-6.

丁一汇,2013. 中国气候[M]. 北京:科学出版社.

国家发展和改革委员会,2004. 风能资源评价技术规定[Z]. 北京:国家发展和改革委员会.

贺志明,聂秋生,曾辉,2008. 鄱阳湖区风能资源数值模拟[J]. 江西农业大学学报(1):169-173.

贺志明,吴琼,陈建萍,2010. 沙岭风场风速预报试验分析[J]. 资源科学,32(4):656-662.

贺志明,聂秋生,刘熙明,等,2011. 鄱阳湖区近地层风能资源特征研究[J]. 资源科学,33(1):184-191.

江西省气象科学研究所,2006. 江西省风能资源评价报告[R]. 江西:江西省气象科学研究所.

江西省气象科学研究所,2011. 江西省风能资源详查和评价报告[R]. 江西:江西省气象科学研究所.

刘晓燕,徐卫民,贺志明,2003. 老爷庙风电场风能资源评价[J]. 江西能源(4):28-31.

李玉塔,傅智斌,2008.2004—2007 年江西雷电分布特征分析[J]. 气象与减灾研究,31(2):70-72.

吴琼,贺志明,2010. 鄱阳湖区松门山-吉山风场风能资源特性分析[J]. 能源研究与管理(2):4-9.

吴琼,贺志明,2012a. 沙岭风场风能资源分析与评价[J]. 能源研究与管理(3):37-39.

吴琼,贺志明,聂秋生,等,2012b. 动力降尺度法对鄱阳湖区风能资源模拟效果分析[J]. 资源科学,34(12):2337-2346.

吴琼,贺志明,聂秋生,等,2013a. 江西省风电场气象风险及其特征分析[J]. 资源科学,35(1):173-181.

吴琼,聂秋生,周荣卫,等,2013b. 江西省山地风场风能资源储量及特征分析[J]. 自然资源学报,28(9):1605-1614.

吴琼,桂保玉,徐卫民,2019a. 江西山地风场风速订正方法研究[J]. 气象与环境科学,42(1):47-53.

吴琼,徐卫民,2019b. 湖陆山地复杂地形下近地层风速预报研究[J]. 干旱气象,37(3):384-391.

吴琼,贺志明,2020. 鄱阳湖区风电场风电功率预报研究[J]. 资源科学,43(1):90-95.

姚琳,温新龙,沈竞,2018a. 江西省山地风电场风速数值模拟方法研究[J]. 气象与环境科学,41(1):120-125.

姚琳,沈竞,温新龙,等,2018b.WRF 模式参数化方案对江西山地风电场的风模拟研究[J]. 长江流域资源与环境,27(7):1509-1515.

姚琳,徐卫民,彭王敏子,等,2020.CALMET 模式不同参数化方案对江西省山地风场模拟的对比分析[J]. 气象科技进展,10(1):58-64.

中国气象局,2014. 全国风能资源详查和评价报告[M]. 北京:气象出版社.

中国气象局风能太阳能评估中心,2004. 风能资源详查和评价工作大纲[Z]. 北京:中国气象局风能太阳能评估中心.

中国气象局风能太阳能评估中心,2005. 全国风能资源评价技术规定[Z]. 北京:中国气象局风能太阳能评估中心.

中国可再生能源发展战略研究项目组,2008. 中国可再生能源发展战略研究丛书风能卷[M]. 北京:中国电力出版社.

朱蓉,王阳,向洋,等,2021. 中国风能资源气候特征和开发潜力研究[J]. 太阳能学报,42(6):409-418.